# 적산실무 Ⅱ

Greenhouse gas · Energy Accumulated practical

# 온실가스·에너지

# 적산실무 II

(재)한국플랜트건설연구원
온실가스에너지 적산센터 편저

GREEN SEED

지금 우리가 살고 있는 지구는 자유낙하하고 있는 중이다. 화석연료와 온실가스로 인한 지구온난화, 에너지자원 고갈의 충격(Shock) 때문이다. 인간의 삶의 질에 대한 과제이며, 해결해야 할 가장 시급한 Issue이다.

우리나라는 2020년까지 배출전망치(BAU) 대비 30% 감축을 국가 온실가스 감축목표로 설정하고 있다. 온실가스 多배출 및 에너지 多소비 업체를 지정하고, 온실가스 배출 및 화석에너지사용량 목표를 부과하여 이행실적을 검증함으로써 지구온난화 변화에 대응하기 위한 준비를 하고 있다.

온실가스에너지 목표관리제를 구체적으로 실행하기 위해서는 전문지식과 정확한 적산을 통한 감축계획달성을 담당할 전문가 양성 또한 시급한 실정이다.

관련 법령과 지침을 이해하고, 다양한 산업에 적용하기에는 상당한 노력과 시간이 소요될 것으로 예상된다. 또한, 업체별·사업장별·관장기관별 온실가스에너지 적산업무를 효율적으로 관리할 수 있는 전문지식 습득과 전문가에게 제공되는 정보제공이 우선시되어야 할 것이다.

본 교재는 저탄소 녹색성장 기본법과 온실가스에너지 목표관리 등에 관한 지침(환경부 고시 제2012－103호. 2012.6.21. Rev.1)을 온실가스에너지 적산업무에 효율성 있게 활용할 수 있도록 편집하였으며, 온실가스배출량과 에너지소비량을 관리하는 도구로써 사용할 수 있다.

본 교재의 특징은

첫째, 온실가스에너지 목표관리에 대한 체계적이고 전문적인 기초지식을 제공하는 데 목표를 두었으며,

둘째, 온실가스에너지 매개변수 사이의 상관관계 및 적용에 불확도를 최소화할 수 있

는 역량을 강화하고, 정보를 제공하도록 편집하였다.

셋째, 온실가스에너지의 적산실무를 현업에 적용하고, 측정·산정·보고·검증(MRV) 할 수 있는 기술지도 역량과 자문할 수 있는 적산 전문가로서 실무를 유형별로 제시하였다.

본 교재를 통하여 온실가스배출량을 줄이고 합리적 에너지사용의 길잡이 역할을 기대하며, 출판하게 되었다.

끝으로, 본서를 통해 인간의 생명보전과 지구의 건전성을 위하여 너나없이 우리의 당면과제로써 사명감을 가지고 정보를 공유할 수 있었으면 하는 바람이다.

그동안, 온실가스에너지 적산사 자격과 교재개발, 워크숍과 연구활동에 적극 참여한 팀, 동료들과 함께 기쁨을 나누고자 한다.

이 책이 출판되도록 협조해 주신 한국학술정보㈜ 대표이사님과 편집·교정 등에 참여해 주신 모든 분들에게 감사드린다. 이후 전문가 여러분의 많은 지도와 편달로 더욱 좋은 교재로 거듭 개정되어 에너지 목표관리 달성에 도움이 될 것을 약속드리며, 자연과 인간이 조화를 이뤄 삶의 질이 향상되길 기원한다.

2012. 08.

(재)한국플랜트건설연구원

온실가스에너지 적산센터

온실가스에너지 적산사

편집위원 일동

# c o n t e n t s

## PART 11 온실가스 배출량 적산 _211

# PART 01

# 목표설정방법

[지침] 온실가스·에너지 목표관리 운영 등에 관한 지침
환경부 고시 제2012-103호, 2012년 06월 21일 개정본(R.1)
최초: 환경부 고시 제2011-29호, 2011년 3월 16일 제정(R.0)
[지침의 근거] 「저탄소 녹색성장 기본법」 제42조 및 같은 법 시행령 제26조

# 목표설정의 기준

1. 관리업체의 목표는 기존 배출시설(공정, 건물 등을 포함한다. 이하 같다)에 해당하는 배출허용량과 신·증설 시설(건물의 신·증축 등을 포함한다. 이하 같다)에 해당하는 배출허용량을 합산하여 산정한다.

2. 부문별·업종별 관리업체들의 총 온실가스 배출허용량과 제1항에 따른 관리업체의 배출허용량 합산결과 간의 차이를 조정하고 상호 일관성을 확보하기 위하여 조정계수 등을 적용한다.

## 제1절 과거실적 기반 목표설정방법

[근거] 지침 [별표 6] 과거실적 기반의 목표설정방법(제30조제5항 관련)

1. 관리업체의 배출허용량(목표) 설정방법

$$EA\_company_{i,j} = \sum_k EA\_inst_{i,j,k} + \sum_k EA\_new\_inst_{i,j,k}$$

$i$: 특정 부문 또는 업종

$j$: 특정 관리업체

$k$: 특정 배출시설(공정, 건물 등을 포함한다)

$EA\_company_{i,j}$: $i$업종 $j$업체의 $y$년도 배출허용량(tCO$_2$eq)

$EA\_inst_{i,j,k}$: $i$업종 $j$업체 $k$배출시설의 $y$년도 배출허용량(tCO$_2$eq)

$EA\_new\_inst_{i,j,k}$: $i$업종 $j$업체 $k$신·증설 시설의 $y$년도 배출허용량(tCO$_2$eq)

## 2. 기존 배출시설의 배출허용량(목표) 설정방법

기존 배출시설이란 2010년 12월 31일 이전에 가동개시한 배출시설을 말한다.

$$EA\_inst_{i,j,k} = HE_{i,j,k} \times (1 + GF_{i,j,k}) \times CF_i$$

$EA\_inst_{i,j,k}$: $i$업종, $j$업체, $k$배출시설의 $y$년도 목표량(tCO$_2$/y)

$HE_{i,j,k}$: $i$업종, $j$업체, $k$배출시설의 기준연도 배출량(tCO$_2$)

$GF_{i,j,k}$: $i$업종, $j$업체, $k$배출시설의 기준연도 대비 $y$년도 예상 성장률(%)

(성장률이란 제2조 제32호의 지표를 의미하며, 목표설정 시 업종단위로는 같은 종류의 지표를 적용한다.)

$CF_i$: $i$업종의 $y$년도 감축계수(CF$\leq$1.0)

## 3. 신·증설 시설에 대한 배출허용량(목표) 설정방법

신·증설 시설이란 2011년 1월 1일 이후부터 가동개시하는 배출시설을 말한다.

$$EA\_new\_inst_{i,j,k} = C_{i,j,k} \times t_M \times RD \times EV_{i,j,k} \times CF_i$$

$EA\_new\_inst_{i,j,k}$: $i$업종, $j$업체, $k$신·증설시설의 $y$년도 목표량(tCO$_2$/y)

$C_{i,j,k}$: $i$업종, $j$업체, $k$신·증설시설의 설계용량(MW, t/h)

$t_M$: $i$업종, $j$업체, $k$신·증설시설의 일일 최대 가동시간(hr/day)

$RD$: $k$신·증설시설의 $y$년도 가동일수(days)

$EV_{i,j,k}$: $i$업종, $j$업체, $k$신·증설시설의 최근 과거연도에 해당하는 활동자료당 평균 배

출량[1](tCO2/t, tCO$_2$/TJ 등)

$CF_i$: $i$업종의 $y$년도 감축계수(CF≤1.0)


## 4. 감축계수($CFi$)의 결정 방법

부문별·업종별 관리업체들의 총 배출허용량과 부문별 관장기관이 설정하는 관리업체 단위 배출허용량의 합산결과를 조정하여 상호 일관성을 확보하기 위하여 감축계수($CFi$)를 다음과 같은 방법으로 정한다.

$$CF_i = \frac{EA\_Sector_i}{\sum_{j,k}[HE_{i,j,k} \times (1 + GF_{i,j,k})] + \sum_{j,k}[C_{i,j,k} \times t_M \times RD \times EV_{i,j,k}]}$$

$CF_i$: $i$업종의 $y$년도 감축계수(CF≤1.0)

$EA\_Sector_i$: $i$업종의 목표관리제 참여부문의 총 배출허용량(tCO$_2$/y)

$HE_{i,j,k}$: $i$업종, $j$업체, $k$배출시설의 기준연도 배출량(tCO$_2$)

$GF_{i,j,k}$: $i$업종, $j$업체, $k$배출시설의 기준연도 대비 $y$년도 예상 성장률(%)

(성장률이란 제2조 제32호의 지표를 의미하며, 목표설정 시 업종단위로는 같은 종류의 지표를 적용한다.)

$C_{i,j,k}$: $i$업종, $j$업체, $k$신·증설시설의 설계용량(MW, t/h)

$t_M$: $i$업종, $j$업체, $k$신·증설시설의 일일 가동시간(hr/day)

$RD$: $k$신·증설시설의 y년도 가동일수(days)

$EV_{i,j,k}$: $i$업종, $j$업체, $k$신·증설시설의 최근과거연도에 해당하는 활동자료당 평균 배출량(tCO$_2$/t, tCO$_2$/TJ 등)

---

1) '활동자료당 평균 배출량'이란, 신·증설된 배출시설과 동일하거나 유사한 기존 배출시설의 업종 또는 관리업체 전체의 평균 활동자료당 배출량 값을 의미한다. 이 값은 기 제출된 명세서의 자료를 활용하거나 국가 고유 배출계수 등을 활용할 수 있다. (이하 같다.)

## 제2절 벤치마크 기반 목표설정방법

[근거] 지침의 [별표 7] 벤치마크 기반의 목표설정방법(제31조제5항 관련)


### 1. 관리업체의 배출허용량(목표) 설정방법

$$EA\_company_{i,j} = \sum_k EA\_BM\_inst_{i,j,k} + \sum_k EA\_BM\_new\_inst_{i,j,k}$$

$i$: 특정 부문 또는 업종

$j$: 특정 관리업체

$k$: 특정 배출시설(공정, 건물 등을 포함한다)

$EA\_company_{i,j}$: $i$업종 $j$업체의 $y$년도 배출허용량($tCO_2eq$)

$EA\_BM\_inst_{i,j,k}$: $i$업종 $j$업체 $k$배출시설의 $y$년도 배출허용량($tCO_2eq$)

$EA\_BM\_new\_inst_{i,j,k}$: $k$신·증설 시설의 $y$년도 배출허용량($tCO_2eq$)


### 2. 기존 배출시설의 배출허용량(목표) 설정방법

여기에서 기존 배출시설이란 2011년 12월 31일 이전에 가동개시한 배출시설을 말한다.

$$EA\_BM\_inst_{i,j,k} = [HE_{i,j,k} \times Ratio_i + AL_{i,j,k} \times BM_{i,j,k} \times (1 - Ratio_i)] \times (1 + GF_{ijk})$$

$EA\_BM\_inst_{i,j,k}$: $i$업종, $j$업체, $k$배출시설의 $y$년도 목표량($tCO_2/y$)

$HE_{i,j,k}$: $i$업종, $j$업체, $k$배출시설의 기준연도 배출량($tCO_2$)

$Ratio_i$: $i$업종 $y$년도의 기준연도 배출량의 인정계수($Ratio_i \leq 1.0$)

$AL_{i,j,k}$: $i$업종, $j$업체, $k$배출시설의 기준연도 활동자료량($t/y$, $TJ/y$ 등)

$BM_{i,j,k}$: $i$업종, $j$업체, $k$배출시설의 벤치마크 계수($tCO_2/t$, $tCO_2/TJ$ 등)

$GF_{i,j,k}$: $i$업종, $j$업체, $k$배출시설의 기준연도 대비 $y$년도 예상 성장률(%)
(성장률이란 제2조 제32호의 지표를 의미)

## 3. 신·증설 시설에 대한 배출허용량(목표) 설정방법

여기에서 신·증설 시설이란 2012년 1월 1일 이후부터 가동개시하는 배출시설을 말한다.

$$EA\_BM\_new\_inst_{i,j,k} = C_{i,j,k} \times t_M \times RD \times BM_{i,j,k}$$

**EA_BM_new_inst**$_{i,j,k}$: $i$업종, $j$업체, $k$신·증설시설의 y년도 목표량(tCO$_2$/y)

**C**$_{i,j,k}$: $i$업종, $j$업체, $k$신·증설시설의 설계용량(MW, t/h)

**t**$_M$: $i$업종, $j$업체, $k$신·증설시설의 일일 가동시간(hr/day)

**RD**: $k$신·증설시설의 y년도 가동일수(days)

**BM**$_{i,j,k}$: $i$업종, $j$업체, $k$신·증설시설의 벤치마크 계수(tCO$_2$/t, tCO$_2$/TJ 등)

## 4. 기준연도 배출량 인정계수(*Ratioi*)의 결정 방법

부문별·업종별 관리업체들의 총 배출허용량과 부문별 관장기관이 설정하는 관리업체 단위 배출허용량의 합산결과를 조정하여 상호 일관성을 확보하기 위하여 기준연도 배출량 인정계수(*Ratioi*)를 다음 식에 따라 정한다.

$$Ratio_i = \frac{EA\_Sector_i - \sum_{j,k}[AL_{i,j,k} \times BM_{i,j,k} \times (1 + GF_{i,j,k})] - \sum_{j,k}[C_{i,j,k} \times t_M \times RD \times BM_{i,j,k}]}{[\sum_{j,k} HE_{i,j,k} - \sum_{j,k}(AL_{i,j,k} \times BM_{i,j,k})] \times (1 + GF_{i,j,k})}$$

**EA_Sector**$_i$: $i$업종의 목표관리제 참여부문의 총 배출허용량(tCO$_2$/y)

**HE**$_{i,j,k}$: $i$업종, $j$업체, $k$배출시설의 기준연도 배출량(tCO$_2$)

**Ratio**$_i$: $i$업종 y년도의 기준연도 배출량의 인정계수(Ratio$_i$ ≤1.0)

**C**$_{i,j,k}$: $i$업종, $j$업체, $k$신·증설시설의 설계용량(MW, t/h)

**t**$_M$: $i$업종, $j$업체, $k$신·증설시설의 일일 가동시간(hr/day)

**RD**: $k$신·증설시설의 y년도 가동일수(days)

**BM**$_{i,j,k}$: $i$업종, $j$업체, $k$신·증설시설의 벤치마크 계수(tCO$_2$/t, tCO$_2$/TJ 등)

$GF_{i,j,k}$: $i$업종, $j$업체, $k$배출시설의 기준연도 대비 $y$년도 예상 성장률(%)

(성장률이란 제2조 제32호의 지표를 의미하며, 목표설정 시 업종단위로는 같은 종류의 지표를 적용한다.)


## 5. 배출활동별 배출시설 종류 및 벤치마크 할당 계수 개발방법 등

주요 공정 및 배출시설의 분류는 아래와 같으며, 필요한 경우 여기서 제시되지 않은 공정 및 배출시설에 대해서도 제32조에 따라 환경부 장관과 부문별 관장기관이 공동으로 벤치마크 할당계수를 개발·고시할 수 있다. 벤치마크 할당 계수를 개발할 경우 배출시설별 물질·에너지 수지자료와 최적가용기술(BAT)을 고려할 수 있다.

아래 표의 배출시설별 세부 내용은 지침의 별표 7의 내용을 참조한다.

| | |
|---|---|
| 1. 고정연소시설 (고체·액체·기체 연료) | 13. 석유정제공정 |
| 2. 이동연소시설 | 14. 석유화학제품 생산 |
| 3. 건축물 | 15. 불소화합물 생산 |
| 4. 외부로부터 공급된 전기·열 사용 | 16. 철강생산 |
| 5. 시멘트 생산 | 17. 합금철 생산 |
| 6. 석회 생산 | 18. 아연 생산 |
| 7. 탄산염의 기타 공정사용 | 19. 전자산업 |
| 8. 암모니아 생산 | 20. 고형폐기물의 매립 |
| 9. 질산 생산 | 21. 고형폐기물의 생물학적 처리 |
| 10. 아디프산 생산 | 22. 하폐수 처리 및 배출 |
| 11. 카바이드 생산 | 23. 폐기물의 소각 |
| 12. 소다회 생산 | |


# 제3절 최적가용기술 개발 시 고려사항

[근거] [별표 8] 최적가용기술(BAT) 개발 시 고려사항(제32조제4항 관련)


가. 최적 또는 최고 수준과 관련한 고려요소

1) 실제 온실가스를 감축할 수 있다고 여겨지는 최고 수준의 공정, 시설 및 운전방법을

모두 포함한다.

2) 온실가스를 감축하거나 최소화할 수 있는 것 중 가장 효과적인 것을 의미한다. 따라서 다양한 기술이 존재할 수 있다.

3) 신뢰할 만한 과학적 지식을 근거로 그 기능이 시험되고 증명되어진 최선의 기술과 공정, 설비, 운전방법을 의미한다.

## 나. 이용 가능성과 관련한 고려요소

1) 실제로 이용할 수 있는 기술이어야 한다. 이는 특정 기술이 일반적으로 사용되고 있는 기술이어야 함을 의미하는 것이 아니라 누구나 사용하고 접근할 수 있는 기술이어야 함을 뜻한다.

2) 파일롯(pilot) 규모로서 실증된 기술도 원칙적으로 최적가용기술의 범위에 포함된다. 다만, 이 경우 실제 양산단계에서 적용되지 못할 가능성을 고려하여야 한다.

3) 최적가용기술에는 국내 기술뿐만 아니라 외국의 기술도 해당된다.

4) 새로운 기술의 성공사례가 있을 경우 최적가용기술의 범위에 포함할 수 있다. 다만, 새로운 기술에 대한 경제성 평가, 검증 등에 일정 기간이 필요한 점을 함께 고려하여야 한다.

5) 경제적으로 그리고 기술적으로 가능한 조건하에서 관련 산업에서 적용할 수 있는 규모 및 특성(내구성, 신뢰성 등)에 부합하도록 개발된 것을 의미하며, 합리적으로 획득할 수 있다면 그 기술이 국내에서 사용되었는지 외국에서 개발되었는지의 여부는 중요하지 않다.

## 다. 감축기술과 관련한 고려요소

1) 저감기술에 국한하지 않고 온실가스의 배출을 감축할 수 있다면 공정의 설계와 운전자의 자질 등도 기술의 범주에 포함한다.

2) 온실가스의 사후처리 기술(end of pipe technology)뿐만 아니라 연료의 대체, 연소기술, 환경친화적인 공정과 운전방법 등 온실가스의 배출을 감축할 수 있는 일련의 기술군을 총칭한다.

## 라. 기타 최적가용기술(BAT) 개발 시 고려요소

1) 환경피해를 방지함으로써 얻을 수 있는 이익이 최적가용기술(BAT)을 적용하는 데 필요한 비용보다 커야 한다.

2) 기존 및 신규공장에 최적가용기술을 설치하는 데 필요한 시간을 고려한다.

3) 폐기물의 발생을 적게 하고 폐기물 회수와 재사용 등을 촉진할 수 있는지 여부를 고려하여야 한다.

4) 관련 법률에 따른 환경규제, 인·허가 등이 해당 기술을 적용하는 데 상당한 제약이 발생하는지 여부를 고려하여야 한다.

5) 기술의 진보와 과학의 발전을 고려한다.

6) 온실가스와 기타 오염물질의 통합감축을 촉진하여야 한다.


# 제4절 폐열이용 목표설정 특례

[근거] 지침의 [별표 9] **폐기물 소각시설 중 폐열이용 등에 대한 목표설정 특례 (제33조 제2항 관련)**

폐기물의 재활용 방법 중 에너지재활용(이하 "에너지회수"라 한다)은 법 제42조 제1항의 온실가스 감축목표 및 신·재생에너지 보급 목표의 달성에 기여하는 중요한 영역이다. 이에 따라 온실가스 감축, 자연환경 보호, 에너지자립화 등을 촉진하기 위하여 폐기물 에너지회수시설 등에 대한 목표설정방법 및 기준을 별도로 정할 필요가 있다.


## 1. 폐기물 소각시설 중 폐열이용 관련 특례 인정범위

〈표-1〉 폐기물소각시설 중 폐열이용 특례 인정범위

| 구분 | 세부 내용 |
|---|---|
| 대상 폐기물 또는 고형 | (1) 폐기물관리법 제18조 제1항에 따른 자체 발생한 사업장 폐기물<br>(2) 폐기물관리법 제18조 제5항에 따라 공동으로 수집·운반 또는 처리되는 사업장 폐기물<br>(3) 폐기물관리법 제46조에 따른 폐기물재활용신고에 의거한 사업장폐기물 중 저위발열량이 3,000kcal/kg 이상인 가연성 고형폐기물 또는 폐유 |

|      | (4)「자원의 절약과 재활용촉진에 관한 법률 시행규칙」 제20조의3 별표7의 품질·등급기준에 따른 고형연료제품 |
|------|------|
| 연료 대상 시설 | (1) 폐기물처리시설 중 소각시설<br>　(가) 일반소각시설<br>　(나) 고온소각시설<br>　(다) 열 분해시설(가스화시설을 포함한다)<br>　(라) 고온 용융시설<br>　(마) 열처리 조합시설[(가)~(라)] 중 둘 이상의 시설이 조합된 시설을 말한다.<br>(2) 폐기물처리시설외의 시설 중「폐기물관리법」제46조에 따른 재활용신고를 한 시설 중「폐기물관리법 시행규칙」제3조의 에너지회수기준을 충족하는 경우<br>(3)「자원의 절약과 재활용촉진에 관한 법률 시행규칙」제20조의3 별표7의 품질·등급기준에 따른 고형연료제품 전용 보일러(혼소는 제외한다)<br>(4) 그 밖에 환경부 장관이 인정하는 시설 |

**비고**

1.「폐기물 관리법」제46조에 따른 폐기물 재활용신고에 의거한 사업장폐기물 중 저위발열량이 3,000kcal/kg 이상인 가연성 고형폐기물은「폐기물관리법 시행규칙」제3조 규정에 적합한 폐기물을 말한다.

2. 폐기물관리법 제46조에 따른 폐기물 재활용 신고에 의거한 사업장 폐기물 중 저위발열량이 3,000kcal/kg 이상인 폐유는「폐기물 관리법」제46조에 따른 폐기물재활용 신고에 의거한 사업장폐기물 중「폐기물관리법 시행규칙」제10조에서 정하는 기준에 적합하고「환경기술개발 및 지원에 관한 법률」제7조 규정에 의한 환경신기술 지정(환경기술 검증을 포함한다)을 받은 시설에서 사용하는 경우의 폐유를 말한다.

3. 국내에서 발생한 폐기물이 아닌 외국에서 수입된 폐기물 등은 적용에서 제외한다.

4. 대상시설이란「폐기물관리법 시행령」제5조의 별표 3의 시설 중 소각시설을 말하며,「폐기물관리법 시행규칙」별표 9에 따른 각각의 폐기물처리시설 설치기준을 만족하는 시설을 말한다.


## 2. 폐기물 소각시설에 대한 목표 설정방법

기준연도 에너지회수효율은 제26조를 준용하여, 제1호 특례대상 시설에서 기준연도 기간의 에너지회수효율의 평균값을 말한다.

① 기존 시설인 경우

$$(1 - Eff\_inst_{i,j,k}) = (1 - HE\_Eff_{i,j,k}) \times Ratio_i + (1 - BM\_Eff_{i,j,k}) \times (1 - Ratio_i)$$

$Eff\_inst_{i,j,k}$: $i$업종, $j$업체, $k$소각시설의 에너지회수효율목표(%)

$HE\_Eff_{i,j,k}$: $i$업종, $j$업체, $k$소각시설의 기준연도 에너지회수효율(%)

$BM\_Eff_{i,j,k}$: $i$업종, $j$업체, $k$소각시설의 벤치마크 방식에 따른 최적에너지회수효율(%)
　　　　(제32조에 따라 개발된 값을 적용한다)

$Ratio_i$: $i$업종(해당 폐기물소각열 특례대상업종을 의미한다)의 기준연도 에너지회수효
　　　　율의 인정계수(제32조의 규정에 따라 향후 고시한다)


② 신·증설 시설인 경우

$$Eff\_inst_{i,j,k} = BM\_Eff_{i,j,k}$$

$Eff\_inst_{i,j,k}$: $i$업종, $j$업체, $k$소각시설의 에너지회수효율목표(%)

$BM\_Eff_{i,j,k}$: $i$업종, $j$업체, $k$소각시설의 벤치마크 방식에 따른 최적에너지회수효율(%)
　　　　(제32조에 따라 개발된 값을 적용한다)


## 3. 에너지회수효율의 측정·검사 방법

제1호 내지 제2호에서 폐기물로부터 「에너지법」 제2조 제1호에 따른 에너지를 회수할 경우, 에너지회수효율에 대한 산정·측정 및 검사방법 등은 「에너지회수기준의 검사방법 및 절차 등에 관한 규정」(환경부 고시)에 따라 실시한다.


## 4. 최적가용기술(BAT) 개발 시 고려사항

폐기물 소각분야의 에너지회수기술 부문을 참조한다.

# 온실가스 산정등급 및 측정관리

[지침] 온실가스·에너지 목표관리 운영 등에 관한 지침
환경부 고시 제2012−103호, 2012년 06월 21일 개정본(R.1)
최초: 환경부 고시 제2011−29호, 2011년 3월 16일 제정(R.0)
[지침의 근거] 「저탄소 녹색성장 기본법」 제42조 및 같은 법 시행령 제26조

# 모니터링 계획의 작성

관리업체는 온실가스 배출량 등의 산정·보고의 정확성과 신뢰성 향상을 위하여 다음 각 호의 사항이 포함된 모니터링 계획을 작성하고 이를 이행계획에 반영하여 부문별 관장기관에 제출하여야 한다.

## 제1절 산정등급 결정

[근거] 지침[별표 13]
배출활동별, 시설규모별 산정등급(Tier) 최소 적용기준
(제43조 관련)

### 1. 산정등급(Tier) 분류체계

① Tier 1: 활동자료, IPCC 기본 배출계수(기본 산화계수, 발열량 등 포함)를 활용하여 배출량을 산정하는 기본방법론

② Tier 2: Tier 1보다 더 높은 정확도를 갖는 활동자료, 국가 고유 배출계수 및 발열량 등 일정 부분 시험·분석을 통하여 개발한 매개변수 값을 활용하는 배출량 산정방법론

③ Tier 3: Tier 2보다 더 높은 정확도를 갖는 활동자료, 사업장·배출시설 및 감축기술단위의 배출계수 등 상당 부분 시험·분석을 통하여 개발한 매개변수 값을 활용하는 배출량 산정방법론

④ Tier 4: 굴뚝자동측정기기 등 배출가스 연속측정방법을 활용한 배출량 산정방법론

## 2. 배출시설의 배출량 규모에 따른 산정등급(Tier) 분류 기준

① A그룹: 연간 5만 톤 미만의 배출시설

② B그룹: 연간 5만 톤 이상, 연간 50만 톤 미만의 배출시설

③ C그룹: 연간 50만 톤 이상의 배출시설

## 3. 배출활동별 및 시설규모별 산정등급(Tier) 최소 적용기준

* 비고) 아래 표는 산정등급의 최소 적용기준을 나타낸 것이며, 국가 고유발열량 등 정확도가 높은 자료를 활용할 수 있을 경우에는 이를 사용하는 것을 권고한다.

## ① 연소시설에서 에너지이용에 따른 온실가스 배출

| 배출활동 | 산정 방법론 | | | 활동자료 | | | | | | 배출계수 | | | 산화계수 | | |
| | | | | 연료사용량 | | | 순발열량 | | | | | | | | |
| 시설규모 | A | B | C | A | B | C | A | B | C | A | B | C | A | B | C |
|---|---|---|---|---|---|---|---|---|---|---|---|---|---|---|---|
| 1. 고정연소 | | | | | | | | | | | | | | | |
| ① 고체연료 | 1 | 2 | 3 | 1 | 2 | 3 | 2 | 2 | 3 | 1 | 2 | 3 | 1 | 2 | 3 |
| ② 기체연료 | 1 | 2 | 3 | 1 | 2 | 3 | 2 | 2 | 3 | 1 | 2 | 3 | 1 | 2 | 3 |
| ③ 액체연료 | 1 | 2 | 3 | 1 | 2 | 3 | 2 | 2 | 3 | 1 | 2 | 3 | 1 | 2 | 3 |
| 2. 이동연소* | | | | | | | | | | | | | | | |
| ① 항공 | 1 | 1 | 2 | 1 | 1 | 2 | 2 | 2 | 2 | 1 | 1 | 2 | − | − | − |
| ② 도로 | 1 | 1 | 2 | 1 | 1 | 2 | 2 | 2 | 2 | 1 | 1 | 2 | − | − | − |
| ③ 철도 | 1 | 1 | 1 | 1 | 1 | 1 | 2 | 2 | 2 | 1 | 1 | 1 | − | − | − |
| ④ 선박 | 1 | 1 | 1 | 1 | 1 | 1 | 2 | 2 | 2 | 1 | 1 | 1 | − | − | − |

* 운수업체의 경우 해당 부문(항공, 도로, 철도, 선박)의 배출량 합계를 기준으로 A, B, C로 구분한다.

## ② 제품 생산공정 및 제품사용 등에 따른 온실가스 배출

| 배출활동 | 산정방법론 | | | 활동자료 | | | | | | 배출계수 | | |
| --- | --- | --- | --- | --- | --- | --- | --- | --- | --- | --- | --- | --- |
| | | | | 원료사용량 /제품생산량 | | | 순발열량 | | | | | |
| 시설규모 | A | B | C | A | B | C | A | B | C | A | B | C |
| 3. 광물산업 | | | | | | | | | | | | |
| ① 시멘트생산 | 1 | 2 | 3 | 1 | 2 | 3 | – | – | – | 1 | 2 | 3 |
| ② 석회생산 | 1 | 2 | 2 | 1 | 2 | 2 | – | – | – | 1 | 2 | 2 |
| ③ 탄산염사용 | 1 | 2 | 2 | 1 | 2 | 2 | – | – | – | 1 | 2 | 2 |
| 4. 석유정제활동 | | | | | | | | | | | | |
| ① 수소제조공정 | 1 | 2 | 3 | 1 | 2 | 3 | – | – | – | 1 | 2 | 3 |
| ② 촉매재생공정 | 1 | 1 | 3 | 1 | 1 | 3 | – | – | – | 1 | 1 | 3 |
| ③ 코크스 제조공정 | 1 | 1 | 1 | 1 | 2 | 3 | – | – | – | 1 | 2 | 3 |
| 5. 화학산업 | | | | | | | | | | | | |
| ① 암모니아 생산 | 1 | 1 | 1 | 1 | 2 | 2 | – | – | – | 1 | 2 | 2 |
| ② 질산 생산 | 1 | 1 | 1 | 1 | 2 | 2 | – | – | – | 1 | 2 | 2 |
| ③ 아디프산 생산 | 1 | 1 | 1 | 1 | 2 | 3 | – | – | – | 1 | 2 | 3 |
| ④ 카바이드 생산 | 1 | 1 | 1 | 1 | 2 | 2 | – | – | – | 1 | 2 | 2 |
| ⑤ 소다회 생산 | 1 | 1 | 1 | 1 | 2 | 2 | – | – | – | 1 | 2 | 2 |
| ⑥ 석유화학제품생산 | 1 | 2 | 3 | 1 | 2 | 3 | – | – | – | 1 | 2 | 3 |
| ⑦ 불소화합물 생산 | 1 | 2 | 3 | 1 | 2 | 3 | – | – | – | 1 | 2 | 3 |
| 6. 금속산업 | | | | | | | – | – | – | | | |
| ① 철강생산 | 1 | 2 | 3 | 1 | 2 | 3 | – | – | – | 1 | 2 | 3 |
| ② 합금철 생산 | 1 | 2 | 3 | 1 | 2 | 3 | – | – | – | 1 | 2 | 3 |
| ③ 아연 생산 | 1 | 2 | 3 | 1 | 2 | 3 | – | – | – | 1 | 2 | 3 |
| ④ 납 생산 | 1 | 2 | 3 | 1 | 2 | 3 | – | – | – | 1 | 2 | 3 |
| 7. 전자산업 | | | | | | | | | | | | |
| ① 반도체/LCD/PV | 1 | 2 | 2 | 1 | 2 | 2 | – | – | – | 1 | 2 | 2 |
| ② 열전도 유체 | 1 | 1 | 1 | 1 | 2 | 3 | – | – | – | – | – | – |

* 비고) 위 표의 산정등급 최소 적용기준은 온실가스 간접배출량을 제외한 직접배출량만을 기준으로 적용한다.

③ 오존층 파괴물질(ODS)의 대체물질 사용 등

| 배출활동 | 산정방법론 | | | 활동자료 | | | | | | 배출계수 | | |
| | | | | ODS 사용량 | | | 순발열량 | | | | | |
| 시설규모 | A | B | C | A | B | C | A | B | C | A | B | C |
|---|---|---|---|---|---|---|---|---|---|---|---|---|
| 8. 오존층파괴물질의 대체물질 사용 | 1 | 1 | 1 | 1 | 1 | 1 | – | – | – | 1 | 1 | 1 |
| 9. 기타온실가스 배출 및 사용 | – | – | – | – | – | – | – | – | – | – | – | – |

④ 폐기물 처리과정에서의 온실가스 배출

| 배출활동 | 산정방법론 | | | 활동자료 | | | | | | 배출계수 | | |
| | | | | 폐기물처리량 | | | 순발열량 | | | | | |
| 시설규모 | A | B | C | A | B | C | A | B | C | A | B | C |
|---|---|---|---|---|---|---|---|---|---|---|---|---|
| 10. 폐기물의 처리 | | | | | | | | | | | | |
| ① 고형폐기물 매립 | 1 | 1 | 1 | 1 | 1 | 1 | – | – | – | 1 | 1 | 1 |
| ② 고형폐기물의 생물학적 처리 | 1 | 1 | 1 | 1 | 1 | 1 | – | – | – | 1 | 1 | 1 |
| ③ 폐기물의 소각 | 1 | 1 | 1 | 1 | 2 | 3 | – | – | – | 1 | 2 | 3 |
| ④ 하수처리 | 1 | 1 | 1 | 1 | 1 | 1 | – | – | – | 1 | 1 | 1 |
| ⑤ 폐수처리 | 1 | 1 | 1 | 1 | 1 | 1 | | | | 1 | 1 | 1 |

⑤ 외부 전기 및 열(스팀) 사용에 따른 온실가스 간접배출

| 배출활동 | 산정방법론 | | | 활동자료 | | | | | | 간접 배출계수 | | |
| | | | | 외부에너지 사용량 | | | 순발열량 | | | | | |
| 시설규모 | A | B | C | A | B | C | A | B | C | A | B | C |
|---|---|---|---|---|---|---|---|---|---|---|---|---|
| 11. 외부 전기사용 | 1 | 1 | 1 | 2 | 2 | 2 | – | – | – | 2 | 2 | 2 |
| 12. 외부 열·증기사용 | 1 | 1 | 1 | 2 | 2 | 2 | – | – | – | 3 | 3 | 3 |

# 제2절 측정 관리 방법

## A. 시료 채취 및 분석의 최소 주기

[근거] 지침 [별표 20] 시료 채취 및 분석의 최소 주기 등(제47조제1항 관련)

| 연료 및 원료 | | 분석 항목 | 최소 분석 주기 |
|---|---|---|---|
| 고체 화석연료 | | 탄소함량,<br>발열량,<br>수분,<br>회(Ash) 함량 | 월 1회 또는 연료 입하 시<br>(더욱 짧은 주기마다 분석한다.<br>다만 트럭 및 기차 등으로 고체 화석연료가<br>수시로 반입될 경우 월 1회마다 분석한다) |
| 액체 화석연료 | | 탄소함량,<br>발열량 등 | 분기 1회 또는 연료 입하 시<br>(더욱 짧은 주기마다 분석한다) |
| 기체<br>화석<br>연료 | 천연가스,<br>도시가스 | 가스성분,<br>발열량 등 | 반기 1회 |
| | 공정 부생가스 | 가스성분,<br>발열량 등 | 월 1회 |
| 폐기물연료 | 고체 | 화석연료함량,<br>폐기물 성상,<br>발열량,<br>수분함량,<br>회(Ash)함량,<br>바이오매스 등 | 월 1회 또는<br>폐기물 연료 매 5천 톤 입하 시<br>(더욱 짧은 주기마다 분석한다) |
| | 액체, 기체 | | 월 1회 또는<br>폐기물 연료 매 1만 톤 입하 시<br>(더욱 짧은 주기마다 분석한다) |
| 탄산염 원료 | | 광석 중<br>탄산염 성분,<br>탄소함량 등 | 월 1회 또는<br>원료 매 5만 톤 입하 시<br>(더욱 짧은 주기마다 분석한다) |
| 기타 원료 | | 탄소함량 등 | 월 1회 또는 매 2만 톤 입하 시<br>(더욱 짧은 주기마다 분석한다) |

* 비고) 해당 배출시설에서 「석유제품의 품질기준과 검사방법 및 검사수수료에 관한 고시」(지경부 고시)에 따른 품질기준이 일정한 석유제품을 사용할 경우, 연료공급자로부터 제공받은 석유제품의 성분분석자료를 위 표의 시료분석결과로 대체할 수 있다.

## B. 시료 채취 및 성분분석·시험 기준

[근거] 지침 [별표 21] 시료 채취 및 성분분석·시험 기준(제47조제2항 관련)

## 1. 고체연료와 관련된 시료채취 및 분석 기준

### (가) 발열량 분석

- KS E 3707: 2001－12－31(석탄류 및 코크스류의 발열량 측정방법)

### (나) 탄소함량 분석

- KS E 3709: 1999－11－18(석탄류 및 코크스류의 샘플링, 분석 및 시험방법 통칙)
- KS E ISO 609(고체 광물 연료－탄소 및 수소함량 결정－고온 연소법)
- KS E ISO 625(고체 광물 연료－탄소 및 수소함량 결정－리비히법)

### (다) 수분함량 분석

- KS E 3709: 1999－11－18(석탄류 및 코크스류의 샘플링, 분석 및 시험방법 통칙)
- KS E ISO 331(석탄－샘플의 수분함량 측정－직접중량법)
- KS E ISO 5068(갈탄 및 아탄－수분함량 측정－간접중량법)
- KS E ISO 579(코크스－총 수분함량 측정)
- KS E ISO 589(무연탄－총 수분함량 측정)
- KS E ISO 687(코크스－샘플의 수분함량 측정)

### (라) 연료의 회(Ash) 성분분석

- KS E 3716(석탄회 및 코크스회 분석방법)
- KS E 1171(고체광물연료 회분량 정량법)
- KS E ISO 540(고체광물연료－회분의 가용도 측정－고온튜브법)

### (마) 시료채취 방법

- KS E 3709: 1999－11－18(석탄류 및 코크스류의 샘플링, 분석 및 시험방법 통칙)

## 2. 액체연료와 관련된 시료채취 및 분석 기준

### (가) 발열량 분석

- KS M 2057(원유 및 석유제품 발열량 시험방법 및 계산에 의한 추정방법)

### (나) 탄소함량 분석

- KS M ISO 7941(상업용 프로판 및 부탄－가스 크로마토그래피에 의한 조성분석)
- KS M 2418(석유제품 및 윤활유의 탄소, 수소 및 질소의 기기분석 시험방법)
- KS M 2077(액화 석유가스의 탄화수소 성분시험방법－가스 크로마토그래프법)

### (다) 밀도 측정

- KS M 2002(석유계 원유 및 액체 석유 제품 밀도 또는 상대밀도 측정방법－하이드로미터법)
- KS M 3993(액화 석유가스 및 경질 탄화수소－밀도 또는 상대밀도 시험방법－하이드로미터법)
- KS M ISO 8973(액화 석유가스－밀도와 증기압의 계산방법)

### (라) 시료 채취방법

- KS M 2001(원유 및 석유 제품 시료 채취 방법)
- KS M ISO 3171(석유 액체 － 파이프라인으로부터의 자동 시료 채취)
- KS M ISO 8943(냉각 경질 탄화수소유－액화천연가스 시료채취－연속법)

## 3. 기체연료와 관련된 시료채취 및 분석 기준

### (가) 발열량 및 성분 분석

- KS I ISO 6974 1부, 2부, 3부, 4부, 5부, 6부(천연가스－가스 크로마토그래프법에 의한 정의된 불확도와 조성의 분석)
- KS I ISO 6976(천연가스－가스 조성을 이용한 발열량, 밀도, 상대 밀도 및 웨버지수 계산)

- KS I ISO 15971(천연가스－특성치의 측정－발열량 및 웨버지수)
- KS I ISO 6570(천연가스－존재 가능한 액화탄화수소의 함량 측정－중량법)
- KS M 2077(액화석유가스의 탄화수소 성분 시험방법)
- KS M 2085－1부(액화 석유 제품－탄화수소분 시험방법－가스크로마토그래프)

## (나) 시료 채취방법

- KS I ISO 10715(천연가스－샘플링 지침서)
- KS I ISO 16017－1부(실내, 대기 및 작업장 공기－흡착 튜브/열 탈착/모세관 가스 크로마토그래피에 의한 휘발성 유기화합물의 샘플링과 분석)
- KS I ISO 16200－1부(작업장 공기－용매 탈착/기체 크로마토그래피에 의한 휘발성 유기화합물의 채취 및 분석)
- KS M ISO 8943(냉각 경질 탄화수소유－액화 천연가스 시료채취－연속법)

## 4. 기타 원료의 시료채취 방법

- KS E 3047(규조토 니켈 광석의 샘플링 방법 및 수분결정방법)
- KS E 3605(분괴 혼합물의 샘플링 방법 통칙)
- KS E 3908(비철금속 광석의 샘플링 시료 조제 및 수분결정방법)
- KS E ISO 12743(구리, 납, 아연 및 니켈 정광－금속과 수분량의 정량을 위한 샘플링 절차)
- KS E ISO 13909(하드콜 및 코크스－기계식 샘플링)
- KS E ISO 1988(무연탄－샘플링)
- KS E ISO 3082(철광석－샘플링 및 샘플 준비과정)
- KS E ISO 4296 1부, 2부(망간 광석－샘플링)
- KS E ISO 6140(알루미늄 광석－샘플의 준비)
- KS E ISO 6153(크롬광석－증분샘플링)
- KS E ISO 6154(크롬광석－샘플의 준비)
- KS E ISO 8685(알루미늄 광석－샘플링 과정)

## 1. 고체연료와 관련된 시료채취 및 분석 기준

### (가) 발열량 분석

- KS E 3707: 2001 – 12 – 31(석탄류 및 코크스류의 발열량 측정방법)

### (나) 탄소함량 분석

- KS E 3709: 1999 – 11 – 18(석탄류 및 코크스류의 샘플링, 분석 및 시험방법 통칙)
- KS E ISO 609(고체 광물 연료 – 탄소 및 수소함량 결정 – 고온 연소법)
- KS E ISO 625(고체 광물 연료 – 탄소 및 수소함량 결정 – 리비히법)

### (다) 수분함량 분석

- KS E 3709: 1999 – 11 – 18(석탄류 및 코크스류의 샘플링, 분석 및 시험방법 통칙)
- KS E ISO 331(석탄 – 샘플의 수분함량 측정 – 직접중량법)
- KS E ISO 5068(갈탄 및 아탄 – 수분함량 측정 – 간접중량법)
- KS E ISO 579(코크스 – 총 수분함량 측정)
- KS E ISO 589(무연탄 – 총 수분함량 측정)
- KS E ISO 687(코크스 – 샘플의 수분함량 측정)

### (라) 연료의 회(Ash) 성분분석

- KS E 3716(석탄회 및 코크스회 분석방법)
- KS E 1171(고체광물연료 회분량 정량법)
- KS E ISO 540(고체광물연료 – 회분의 가용도 측정 – 고온튜브법)

### (마) 시료채취 방법

- KS E 3709: 1999 – 11 – 18(석탄류 및 코크스류의 샘플링, 분석 및 시험방법 통칙)

## 2. 액체연료와 관련된 시료채취 및 분석 기준

### (가) 발열량 분석

- KS M 2057(원유 및 석유제품 발열량 시험방법 및 계산에 의한 추정방법)

### (나) 탄소함량 분석

- KS M ISO 7941(상업용 프로판 및 부탄－가스 크로마토그래피에 의한 조성분석)
- KS M 2418(석유제품 및 윤활유의 탄소, 수소 및 질소의 기기분석 시험방법)
- KS M 2077(액화 석유가스의 탄화수소 성분시험방법－가스 크로마토그래프법)

### (다) 밀도 측정

- KS M 2002(석유계 원유 및 액체 석유 제품 밀도 또는 상대밀도 측정방법－하이드로미터법)
- KS M 3993(액화 석유가스 및 경질 탄화수소－밀도 또는 상대밀도 시험방법－하이드로미터법)
- KS M ISO 8973(액화 석유가스－밀도와 증기압의 계산방법)

### (라) 시료 채취방법

- KS M 2001(원유 및 석유 제품 시료 채취 방법)
- KS M ISO 3171(석유 액체－파이프라인으로부터의 자동 시료 채취)
- KS M ISO 8943(냉각 경질 탄화수소유－액화천연가스 시료채취－연속법)

## 3. 기체연료와 관련된 시료채취 및 분석 기준

### (가) 발열량 및 성분 분석

- KS I ISO 6974 1부, 2부, 3부, 4부, 5부, 6부(천연가스－가스 크로마토그래프법에 의한 정의된 불확도와 조성의 분석)
- KS I ISO 6976(천연가스－가스 조성을 이용한 발열량, 밀도, 상대 밀도 및 웨버지수 계산)

- KS I ISO 15971(천연가스-특성치의 측정-발열량 및 웨버지수)

- KS I ISO 6570(천연가스-존재 가능한 액화탄화수소의 함량 측정-중량법)

- KS M 2077(액화석유가스의 탄화수소 성분 시험방법)

- KS M 2085-1부(액화 석유 제품-탄화수소분 시험방법-가스크로마토그래프)


(나) 시료 채취방법

- KS I ISO 10715(천연가스-샘플링 지침서)

- KS I ISO 16017-1부(실내, 대기 및 작업장 공기-흡착 튜브/열 탈착/모세관 가스 크
  로마토그래피에 의한 휘발성 유기화합물의 샘플링과 분석)

- KS I ISO 16200-1부(작업장 공기-용매 탈착/기체 크로마토그래피에 의한 휘발성 유
  기화합물의 채취 및 분석)

- KS M ISO 8943(냉각 경질 탄화수소유-액화 천연가스 시료채취-연속법)


## 4. 기타 원료의 시료채취 방법

- KS E 3047(규조토 니켈 광석의 샘플링 방법 및 수분결정방법)

- KS E 3605(분괴 혼합물의 샘플링 방법 통칙)

- KS E 3908(비철금속 광석의 샘플링 시료 조제 및 수분결정방법)

- KS E ISO 12743(구리, 납, 아연 및 니켈 정광-금속과 수분량의 정량을 위한 샘플링
  절차)

- KS E ISO 13909(하드콜 및 코크스-기계식 샘플링)

- KS E ISO 1988(무연탄-샘플링)

- KS E ISO 3082(철광석-샘플링 및 샘플 준비과정)

- KS E ISO 4296 1부, 2부(망간 광석-샘플링)

- KS E ISO 6140(알루미늄 광석-샘플의 준비)

- KS E ISO 6153(크롬광석-증분샘플링)

- KS E ISO 6154(크롬광석-샘플의 준비)

- KS E ISO 8685(알루미늄 광석-샘플링 과정)

## C. 연속측정방법의 배출량 산정방법 및 측정기기의 설치·관리 기준

[근거] 지침 [별표 22] **연속측정방법의 배출량 산정방법 및 측정기기의 설치·관리 기준 등(제48조 제2항 관련)**

### 1. 연속측정에 따른 배출량 산정방법

#### 가. 굴뚝연속자동측정기에 의한 배출량 산정방법

측정에 기반한 온실가스 배출량 산정은 다음의 일반식을 따른다.

$$E_{CO_2} = K \times C_{CO_2d} \times Q_{sd}$$

$E_{CO_2}$: $CO_2$ 배출량(g $CO_2$/30분)

$C_{CO_2d}$: 30분 $CO_2$ 평균농도 %[건 가스(dry basis) 기준, 부피농도]

$Q_{sd}$: 30분 적산 유량(Sm³)(건 가스 기준)

$K$: 변환계수(1.964×10, 표준상태에서 1kmol이 갖는 공기 부피와 이산화탄소 분자량 사이의 변환계수)

#### 나. 굴뚝연속자동측정기와 배출가스유량계 측정 자료의 수치 맺음 및 배출량 산정 기준

1) 측정 자료의 수치 맺음은 한국산업표준 KS Q 5002(데이터의 통계해석방법)에 따라서 계산한다. 이 경우 소수점 이하는 셋째 자리에서 반올림하여 산정한다(유량은 소수점 이하는 버림 처리하여 정수로 산정한다).

2) 자동측정 자료의 배출량 산정기준

　　가) 30분 배출량은 g 단위로 계산하고, 소수점 이하는 버림 처리하여 정수로 산정한다.

　　나) 월 배출량은 g 단위의 30분 배출량을 월 단위로 합산하고, kg 단위로 환산한 후, 소수점 이하는 버림 처리하여 정수로 산정한다.

3) 측정 자료의 무효처리 및 대체 자료 생성기준

　　가) 무효자료 선별기준

| 구분 | 선별기준 | 무효화 처리기간 |
|---|---|---|
| (1) 정도검사 검사 불합격 또는 미수검 | 「환경분야 시험·검사 등에 관한 법률」 제9조 및 제11조에 따라 실시한 형식승인 및 정도검사에서 부적합판정을 받거나 수검을 받지 아니한 측정기기 | ① 불합격된 정도검사시험 시작일 0시부터 차후 합격한 정도검사 시작일 또는 교체 및 개선 등으로 정상가동이 확인된 날의 해당 시간까지<br>② 정도검사 미수검 측정기기는 정도검사 유효기간 만료일부터 차후 수검하여 합격한 직전일까지 |
| (2) 비정상 측정자료 | 측정 자료에서 오동작 측정값으로 판단한 자료 | 측정기기 및 전송기가 오동작한 기간 |
| (3) 장비점검 기간 | 정도검사·장비점검·테스트실시로 온실가스 농도 또는 유량을 측정하지 못한 경우 | 정도검사·장비점검 등을 실시한 기간 |
| (4) 상태표시 자료 | 측정기기(교정 중, 동작불량, 전원단절, 보수 중) 및 전송기기(비정상, 전원단절) 등의 상태가 표시된 자료 | 상태표시가 나타난 시간의 자료 |
| (5) 비정상 환산·보정 | 환산 또는 보정식에 관계하는 온도·산소·수분 등의 측정값이 위 무효자료 선별기준에 따라 무효화 처리되어 온실가스 외 기타항목의 측정 자료도 무효화되는 경우 | 환산 또는 보정하는 측정값이 무효화 처리된 기간 |
| (6) 배출시설 가동중지 기간 | 배출시설이 가동중지 되어도 측정 자료가 생성되는 경우 | 가동중지기간 |
| (7) 그 밖에 무효자료 인정 기간 | 관리업체 등에서 부득이한 사유로 측정기기의 정상 측정이 중단된 경우 | 천재지변 등으로 정상 측정이 중단된 기간 |

## 나) 대체자료 생성기준

| 결측자료 | 대체자료 |
|---|---|
| (1) 정도검사 기간, 정도검사 및 교정검사 불합격 | 정상 마감된 전월의 최근 1개월간의 30분 평균자료 |
| (2) 비정상 측정자료 | 정상 자료 중 최근 30분 평균자료 |
| (3) 장비점검 | 정상 자료 중 최근 30분 평균자료 |
| (4) 상태표시 발생 기간 | 정상 자료 중 최근 30분 평균자료 |
| (5) 비정상 환산·보정 | 정상 자료 중 최근 30분 평균자료 |
| (6) 가동중지 기간 | 해당 기간의 자료는 0으로 처리 |
| (7) 미수신 자료 | 정상 자료 중 최근 30분 평균자료 |
| (8) 그 밖의 무효자료 인정기간 | 정상 마감된 전월의 최근 1개월간의 30분 평균 자료 |

비고: 1. "정상마감 자료"란 월간자료 전체를 대체자료로 생성하지 아니한 자료를 말한다.
    2. 배출가스 온도 측정 자료만 무효 처리된 경우 유량자료에 한하여 정상 자료 중 최근 30분 평균자료로 대체한다.

## 2. 굴뚝연속자동측정방법에 따른 배출량 제출방법

가. 관리업체는 매월 10일까지 제1호 나목「굴뚝연속자동측정기와 배출가스 유량계 측정 자료의 수치 맺음 및 배출량 선정기준」에 따라 전월의 월간 배출량을 산정한 결과와 전월의 월간 $CO_2$ 배출량의 근거가 되는 실시간 측정자료 및 관련 자료를「별지 제8호 서식」의 제11번 서식에 따라 전자적 방식으로 해당 관장기관에게 제출한다.

나. 가목에서 실시간 측정자료라 함은 $CO_2$ 농도, 배출가스 유량, 배출구 온도 및 산소 농도로서 해당 항목의 5분 및 30분 데이터이며, 제출되는 자료의 형식은 대기분야 환경오염공정시험기준의 통신규격에서 정한 측정자료 형식에 의해 생성된 자료이어야 한다.

다. 가목에서 관련 자료라 함은 30분 단위의 $CO_2$ 배출량, 대체자료 생성기준에 의해 생성된 대체값, 대체자료를 생성에 적용된 근거자료 등을 말한다.

## 3. 측정기기의 설치 및 관리 기준

**가. 굴뚝연속자동측정기, 배출가스 유량계 및 그 부대장비**

1) 관리업체는 측정기기의 구조 및 성능이「환경분야 시험·검사 등에 관한 법률」제6조 제1항에 따른 환경오염공정시험기준에 부합되도록 유지하여야 한다.

2) 관리업체는「환경분야 시험·검사 등에 관한 법률」제9조에 따른 형식승인을 얻은 측정기기(같은 조 제1항 단서에 해당하는 굴뚝연속자동측정기를 포함한다)를 설치하고, 같은 법 제11조에 따른 정도검사를 받아야 하며, 정도검사 결과를 해당 검증기관 등에서 확인할 수 있도록 보관하여야 한다.

3) 관리업체는 굴뚝배출가스 온도측정기를 신규로 설치하거나 교체하는 경우에는「국가표준기본법」제14조 제3항에 따른 국가교정업무전담기관의 교정을 받아야 하며 그 기록을 측정기기 가동기간 동안 보존하여야 한다.

4) 굴뚝연속자동측정기기 중 이산화탄소 측정기기의 시험기준(설치방법 등 포함)은 대기분야 환경오염공정시험기준 굴뚝연속자동측정기기의 기능에 따르며 그 밖의 사항은 다음과 같다.

  (1) 비분산적외선 분석법에 의한 이산화탄소 분석기는 $4.3\mu m$ 부근의 적외선흡

수파장에 의해 이산화탄소의 농도를 측정한다.

(2) 측정범위는 0~20, 0~25, 0~30%(V/V)이고, 정량한계는 0.2%(V/V)이다.

(3) 교정가스: 공인기관의 검정성적서가 제시되어 있는 표준가스로 연속자동 측정기기 최대눈금치의 약 50%와 90%에 해당하는 농도를 가진다.

(4) 스팬가스: 최대 눈금치의 70~90%에 해당하는 교정가스를 스팬가스라고 한다.

(5) 제로가스: 최소눈금치를 교정하기 위하여 사용되는 가스로서 최대눈금치의 0~10%에 해당하는 농도를 가진다.

(6) 비분산형 적외선흡수방식에 의한 이산화탄소 분석기는 광학필터를 이용하여 이산화탄소 파장인 4.3$\mu$m의 적외선을 선택적으로 흡수하여 이산화탄소 농도를 측정하는 방법이며 분석기는 그림 1과 같이 광원, 회전섹터, 광학 필터, 시료셀, 비교셀, 검출기, 증폭기 등으로 구성된다.

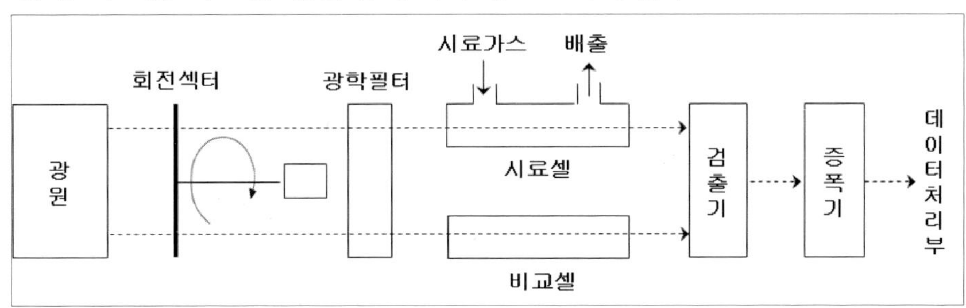



**그림 1.** 비분산적외선 분석기

(7) 이산화탄소 측정기 성능 규격시험 항목은 표 1에 해당하며 각 검사항목의 시험방법은 대기분야 환경오염공정시험기준을 따른다.

〈표-2〉 이산화탄소 측정기기 검사항목 기준

| 항 목 | 성 능 |
| --- | --- |
| 교정 오차 | 5% 이하 |
| 상대정확도 | 10% 이하 또는 측정오차 1% 이하<br>[절대측정오차($\lvert d \rvert$) 평균값이 1.0% 이하] |
| 영점편차(2시간) | 0.4% 이하 |
| 교정편차(2시간) | 0.4% 이하 |
| 응답시간 | 5분 이하 |
| 시험가동시간 | 최소 168시간 |

| 반복성 | 최대눈금치의 2% 이하 |
|---|---|
| 전압변동률 | 최대눈금치의 1% 이하 |
| 절연저항 | 5MΩ 이상 |
| 내전압 | 이상이 없어야 함. |
| 배출가스 유량에 대한 안정성 | 최대눈금치의 2% 이하 |

5) 연속측정시스템 중 이산화탄소 측정기기의 교정, 저장장치, 측정기의 운영상태를 알리는 상태표시, 비밀번호 관리 등의 기능은 대기분야 환경오염공정시험기준 굴뚝연속자동측정기기의 기능에 따른다.

6) 이산화탄소 측정기기의 굴뚝원격감시체의 구성 중 용어, 자동감체계의 구성도 및 주의사항, 전송장장비의 규격 및 기능, 송·수신 프로토콜은 환경오염공정시험기준 굴뚝연속자동측정기기 설치방법을 따른다(이산화탄소 및 이산화탄소 유량 항목의 항목별 코드는 다음과 같다).

○ 항목별 코드

| 코드 | 항목명 | 코드 | 항목명 |
|---|---|---|---|
| $CO_2$ | 이산화탄소 | FLC | 이산화탄소 유량 |

○ 측정항목별 측정단위

- %: 이산화탄소
- $Sm^3$: 이산화탄소 유량

7) 유량의 상대정확도와 그 외 시험기준(제로드리프트, 스팬드리프트, 직선성, 설치방향 민감도시험)이 필요할 경우 「환경측정기기의 형식승인·정도검사 등에 관한 고시」의 굴뚝배기가스유속의 시험법을 따른다.

○ 굴뚝배출가스 유속자동측정기의 측정시간은 주시험법의 측정시간과 동일하게 5분 평균값을 산출하며 9회 측정하여 다음 식에 따라 상대정확도를 구한다.

$$상대정확도(\%) = \frac{\overline{|D|}}{주시험법의\,평균} \times 100$$

여기서, $D$: 연속자동측정기기 − 주시험법

## 나. 측정기기의 설치 시 운영관리를 위한 시험

### 1) 시험 목적

굴뚝연속자동측정기 및 배출가스유량계의 신규부착 또는 개선(교체 및 보완)하는 경우에 측정기기의 적정 설치확인 및 측정기기와 데이터수집기간의 데이터 전송적합성 등에 대한 시험을 실시하여 연속측정시스템의 안정적인 운영관리와 관리업체의 온실가스 배출량 자료의 신뢰성을 확보하여야 한다.

### 2) 관련 시험

#### (1) 통합시험

관리업체의 측정기기 또는 데이터수집기간의 통신상태 및 대기분야 환경오염공정시험기준에 적합한지 여부를 확인하는 시험

#### (2) 정도확인시험

굴뚝연속자동측정기기 및 배출가스유량계에서 생산된 측정자료와 데이터 수집기로 전송되는 측정자료의 신뢰성 확인을 위하여 실시하는 상대정확도 시험과 확인검사를 말함.

#### (가) 상대정확도 시험

굴뚝연속자동측정기기 및 배출가스유량계에서 생산되는 측정자료의 상대정확도 시험방법에 따라 측정한 자료 간의 오차율을 비교하여 정확성을 확인하는 시험으로 대기분야 환경오염공정시험기준에 따라 적합한지 여부를 확인하는 시험

#### (나) 확인검사

측정기기의 설치위치, 환경조건, 기능, 성능 등이 대기분야 환경오염공정시험기준에 적합한지의 여부를 확인하는 것

## 3) 대상

### (1) 측정기기 및 전송기기 분야

| 구 분 | 대상 기기 |
| --- | --- |
| 측정기기 분야 | 굴뚝연속자동측정기기($CO_2$, 배출가스유량 및 온도) 및 시스템 |
| 전송기기 분야 | 자료수집기(D/L), 중간자료수집기(FEP) 및 네트워크 |

### (2) 통합시험·정도확인시험 대상기준

| 구분 | | 자체개선사안 | 통합시험 | 정도확인시험 | 검사 안 함 | 비고 |
| --- | --- | --- | :---: | :---: | :---: | --- |
| D / L 및 측정기기 | 탈착 및 부착 | •형식/모델 등의 전면적인 교체 (신규설치 포함) | ○ | ○ | | |
| | | •프로그램 업그레이드 | ○ | ○ | | |
| | | •동일기기의 설치위치 이동 | ○ | ○ | | |
| | | •동일모델/별개일련번호의 측정기 | ○ | ○ | | |
| | | •수리, 보관 등의 사유로 탈·부착 | ○ | ○ | | 정도검사를 위한 탈·부착은 제외 |
| | 수리 및 교체 | •윈도우(렌즈, 창) 클리닝 | | | ○ | 〃 |
| | | •브로워, Signal, 전원 라인 수리/교체 | | ○ | | 〃 |
| | | •샘플링타입 샘플도관교체 및 수리 | | ○ | | 〃 |
| | | •측정Cell의 수리/교체 | | ○ | | 가스상측정기 및 일반적인 경우에 한함 |
| | | •전처리 설비 수리/교체 | | ○ | | 〃 |
| | | •펌프, Signal, 전원 라인 수리/교체 | | ○ | | 〃 |
| | | •프로브/도관에 관련한 부품 수리/교체 | | | ○ | 〃 |
| | | •센서(피토우튜브, 열선센서, 온도 등)의 수리/교체<br>•드레인 라인 수리 및 교체 | | ○ | ○ | 유속계 및 일반적인 경우에 한함. 산소측정기 및 일반적인 경우에 한함. |
| | | •온도센서 등의 수리/교체 | | | ○ | 온도계 및 일반적인 경우에 한함. |
| | | •프로세스 보드의 수리/교체 | | ○ | | 일반적인 경우에 한함. |
| | | •퍼지라인 이상에 대한 수리/교체 | | | ○ | 〃 |
| | | •히팅에 관련된 부품 수리/교체 | | | ○ | 〃 |
| | | •공정에어와 관련되는 사항 | | | ○ | 〃 |
| | | •측정기 외에 부품을 부착할 때 | | | ○ | 〃 |
| | | •D/L 및 측정기기와 관련된 기타 수리사항 등 | — | — | — | 배출량 변동에 영향을 주는 경우에 한해 관리업체 담당자 결정 |
| | 기타 | •1개월 이상 측정기 휴지 이후 재측정 개시 | ○ | ○ | | |

※ 자료수집기(D/L) Upgrade(AI, AO, DI, DO 카드교체 포함) 시

## 4) 통합 및 정도확인시험 주요 내용

| 점검분야 | 점검대상 | 중점 점검내용 |
|---|---|---|
| 일반<br>설치<br>자료 | ○ 사업장 일반현황 및 굴뚝 자동측정기기 관련 시설 전반 | ○ 사업장 일반현황<br>○ 측정기, 배출공정 및 방지시설<br>○ 굴뚝 자동측정기기 설치 제원(굴뚝, 측정지점 등)<br>○ 기타 굴뚝 자동측정기기 관련 부대사항 |
| 측정<br>시스템 | ○ 측정기 설치 및 환경 조건<br>○ 시료채취부, 전처리 시스템<br>○ 측정기기 성능 및 기능<br>○ 유지관리 및 운영실태 | ○ 설치 환경의 적정 여부<br>○ 굴뚝환경에 대한 측정조건 확인<br>○ 상태표시, 측정범위 등<br>○ 측정 및 출력값의 정확도<br>○ 각종 보정식 설정 적정 여부 |
| | ○ 상대정확도 시험 등 | ○ 신규, 교체, 수리완료, 오작동 및 결측이 빈번한 측정기 |
| 전송<br>시스템 | ○ 자료수집기 | ○ 하드웨어 및 소프트웨어의 구성<br>○ 자료의 생성방식 및 상태표시<br>○ 자료의 형식 및 송수신절차<br>○ 측정값과의 일치성<br>○ 자료의 신뢰성 등 |
| | ○ 중간자료수집기 | ○ 자료 송수신 방법 및 절차의 적합성 |
| | ○ 네트워크 | ○ 네트워크 구성의 적절성<br>○ 보안성, 안정성 |
| | ○ 환경조건 | ○ 전송시스템의 설치환경(온습도, 분진 등)<br>○ 무정전전원공급장치의 설치 등 |

## 5) 상대정확도 시험기준

| 측정 항목 | 상대정확도 기준 |
|---|---|
| $CO_2$, 산소 | ○ 주시험법, 기기분석 방법의 10% 이하 또는 측정오차 1% 이하 |
| 배출가스 유량 | ○ 주시험법의 10% 이하 |

# PART 03

# 이동연소 온실가스 배출량·에너지 소비량 산정

[지침] 온실가스·에너지 목표관리 운영 등에 관한 지침
환경부 고시 제2012-103호, 2012년 06월 21일 개정본(R.1)
최초: 환경부 고시 제2011-29호, 2011년 3월 16일 제정(R.0)
[지침의 근거]「저탄소 녹색성장 기본법」제42조 및 같은 법 시행령 제26조

# 01

# 이동연소

## 제1절 항공(IPCC 카테고리: 1A3a)

### 1. 배출활동 개요

항공기 내연기관에서 제트연료(Jet Kerosene)나 항공 휘발유(Aviation Gasoline) 등의 연소에 의해 온실가스가 발생하는 배출활동으로, 항공기 엔진의 연소가스는 대략 $CO_2$ 70%, $H_2O$ 30% 이하, 기타 대기오염물질 1% 미만으로 구성되어 있다. 최신 기술이 적용된 항공기에서는 $CH_4$와 $N_2O$는 거의 배출되지 않는다.

온실가스 배출량은 항공기의 운항 횟수, 운전 조건, 엔진 효율, 비행 거리, 비행단계별 운항시간, 연료 종류 및 배출 고도 등에 따라 달라진다. 항공기 운항은 이착륙단계(LTO; Landing/Take-off)와 순항단계(Cruise)로 구분되고, 항공기에서 배출되는 오염물질의 약 10%는 공항 내에서의 운행과 이착륙 중에 발생하고, 90%가량이 높은 고도에서 발생한다.

### 2. 보고 대상 배출시설

항공 부문의 보고대상 배출시설은 아래와 같으며, 세부내용은 별표 7의 배출활동별 배출시설 개요를 참조한다. 다만 여기에서 국제선 운항(국제벙커링)에 따른 온실가스 배출량 등은 산정·보고에서 제외한다.

① 민간 항공기

② 기타 항공기


## 3. 보고 대상 온실가스

| 구분 | CO$_2$ | CH$_4$ | N$_2$O |
|---|---|---|---|
| 산정방법론 | Tier 1, 2 | Tier 1, 2 | Tier 1, 2 |


## 4. 배출량 산정방법론

### ① *Tier 1*

항공 휘발유를 사용하는 소형 비행기에 주로 적용되며 제트 연료 사용 항공기의 운항 자료가 이용 가능하지 않을 경우 사용한다. 연료사용량을 활동자료로 하고 연료사용량은 국내 항공과 국제 항공으로 구분한다. 배출계수는 기본값을 적용한다.

$$E_{i,j} = \sum ( Q_i \times EC_i \times EF_{i,j} \times f_i \times F_{eq,j} \times 10^{-9} )$$

$E_{i,j}$: 연료 (*i*) 사용에 따른 온실가스 (*j*)의 배출량(CO$_2$-e ton)

$Q_i$: 연료 (*i*)의 사용량(측정값, L-연료)

$EC_i$: 연료 (*i*)의 열량계수(연료 순발열량, MJ / L-연료)

$EF_{i,j}$: 연료 (*i*)에 대한 온실가스 (*j*)의 배출계수(kg-GHG / TJ-연료)

$f_i$: 연료 (*i*)의 산화계수(=1.0을 적용한다)

$F_{eq,j}$: 온실가스 (j)의 CO$_2$ 등가계수

(CO$_2$=1, CH$_4$=21, N$_2$O=310)


### ② *Tier 2*

제트연료를 사용하는 항공기에 적용되며, 이착륙과정(LTO 모드)과 순항과정(Cruise 모드)을 구분하여 산정한다. 배출량 산정 과정은 「총 연료소비량 산정 → 이착륙과정 연료소비량 산정 → 순항과정의 연료소비량 산정 → 이착륙과 순항과정에서의 온실가스 배출

량 산정」 순으로 진행한다.

$$E_{i,j} = \sum ((E_{i,j,LTO} + E_{i,j,cruise}) \times F_{eq,j})$$

$$E_{i,j,cruise} = \sum ((Q_i - Q_{i,LTO}) \times EC_i \times EF_j) \times 10^{-9}$$

$E_{i,j}$: 연료 ($i$) 사용에 따른 온실가스 ($j$) 배출량($CO_2-e$ ton)

$E_{i,j,LTO}$: 연료 ($i$) 사용에 따른 온실가스 ($j$)의 LTO 배출량(ton)

     (=LTO 횟수 × LTO 배출계수)

$E_{i,j,cruise}$: 연료 ($i$) 사용에 따른 온실가스 ($j$)의 순항과정 배출량(ton)

$Q_i$: 연료 ($i$)의 사용량(측정값, L − 연료)

$Q_{i,LTO}$: 연료 ($i$)의 LTO 사용량(L − 연료)

     [=LTO 횟수×(연료소비량/LTO), L − 연료]

$EC_i$: 연료 ($i$)의 열량계수(연료 순발열량, MJ/L − 연료)

$EF_{i,j}$: 연료 ($i$)에 대한 온실가스 ($j$)의 배출계수(kg − GHG/TJ − 연료)

$F_{eq,j}$: 온실가스 ($j$)의 $CO_2$ 등가계수

     ($CO_2$=1, $CH_4$=21, $N_2O$=310)


## 5. 매개변수별 관리기준

① 활동자료($Qi$, $Qi$, LTO 등)

### Tier 1

측정불확도 ±7.5% 이내의 사업자 또는 연료공급자에 의해 측정된 연료사용량 자료를 사용한다.

### Tier 2

측정불확도 ±5.0% 이내의 사업자 또는 연료공급자에 의해 측정된 연료사용량, 이착륙 횟수 자료 등을 사용한다.

② 배출계수(*EFi, LTO 배출계수* 등)

## *Tier 1*

아래 <표-3>의 연료별, 온실가스별 기본 배출계수를 사용한다.

<표-3> 연료별, 온실가스별 기본 배출계수

| 연료 | 기본 배출계수(kg/TJ) | | |
|---|---|---|---|
| | $CO_2$ | $CH_4$ | $N_2O$ |
| 항공용 가솔린(Aviation Gasoline) | 70,000 | – | – |
| 제트용 등유(Jet Kerosene) | 71,500 | – | – |
| 모든 연료 | – | 0.5 | 2 |

* 출처: 2006 IPCC 국가 인벤토리 작성을 위한 가이드라인

## *Tier 2*

기종별 이착륙(LTO)당 배출계수는 아래 <표-5>의 값을 사용하며, 여기에 명시되지 않은 기종에 대한 계수는 자료출처(2006 IPCC 국가 온실가스 인벤토리 가이드라인)를 참조한다.

순항모드의 배출계수는 국가별 고유 계수를 개발하여 사용하며, 국가별 고유계수가 없을 경우 아래 <표-4>의 기본 배출계수를 사용한다.

<표-4> 항공 순항모드 배출계수(국내선 운항)

| 구 분 | 배출계수(kg/t fuel) | | | | | | |
|---|---|---|---|---|---|---|---|
| | $CO_2$ | $CH_4$ | $N_2O$ | $NO_x$ | CO | NMVOC | $SO_2$ |
| 순항모드(Cruise) | 3,150 | 0 | 0.1 | 11 | 7 | 0.7 | 1.0 |

<표-5> 항공 기종별 이착륙(LTO)당 배출계수

| 항공기 | | LTO 배출계수(kg/LTO) | | | LTO 연료소비 (kg/LTO) |
|---|---|---|---|---|---|
| | | $CO_2$ | $CH_4$ | $N_2O$ | |
| 대형 상업 항공기 | A300 | 5450 | 0.12 | 0.2 | 1720 |
| | A310 | 4760 | 0.63 | 0.2 | 1510 |
| | A319 | 2310 | 0.06 | 0.1 | 730 |
| | A320 | 2440 | 0.06 | 0.1 | 770 |
| | A321 | 3020 | 0.14 | 0.1 | 960 |

| | | | | | |
|---|---|---|---|---|---|
| | A330 − 200/300 | 7050 | 0.13 | 0.2 | 2230 |
| | A340 − 200 | 5890 | 0.42 | 0.2 | 1860 |
| | A340 − 300 | 6380 | 0.39 | 0.2 | 2020 |
| | A340 − 500/600 | 10600 | 0.01 | 0.3 | 3370 |
| | 707 | 5890 | 9.75 | 0.2 | 1860 |
| | 717 | 2140 | 0.01 | 0.1 | 680 |
| | 727 − 100 | 3970 | 0.69 | 0.1 | 1260 |
| | 727 − 200 | 4610 | 0.81 | 0.1 | 460 |
| | 737 − 100/200 | 2740 | 0.45 | 0.1 | 870 |
| | 737 − 300/400/500 | 2480 | 0.08 | 0.1 | 780 |
| | 737 − 600 | 2280 | 0.10 | 0.1 | 720 |
| | 737 − 700 | 2460 | 0.09 | 0.1 | 780 |
| | 737 − 800/900 | 2780 | 0.07 | 0.1 | 880 |
| | 747 − 100 | 10401 | 4.84 | 0.3 | 3210 |
| | 747 − 200 | 11370 | 1.82 | 0.1 | 3600 |
| 대형 | 747 − 300 | 11080 | 0.27 | 0.1 | 3510 |
| 상업 | 747 − 400 | 10240 | 0.22 | 0.3 | 3240 |
| 항공기 | 757 − 200 | 4320 | 0.02 | 0.1 | 1370 |
| | 757 − 300 | 4630 | 0.01 | 0.1 | 1460 |
| | 767 − 200 | 4620 | 0.33 | 0.1 | 1460 |
| | 767 − 300 | 5610 | 0.12 | 0.2 | 1780 |
| | 767 − 400 | 5520 | 0.10 | 0.2 | 1750 |
| | 777 − 200/300 | 8100 | 0.07 | 0.3 | 2560 |
| | DC − 10 | 7290 | 0.24 | 0.2 | 2310 |
| | DC8 − 50/60/70 | 5360 | 0.15 | 0.2 | 1700 |
| | DC − 9 | 2650 | 0.46 | 0.1 | 840 |
| | L − 1011 | 7300 | 7.40 | 0.2 | 2310 |
| | MD − 11 | 7290 | 0.24 | 0.2 | 2310 |
| | MD − 80 | 3180 | 0.19 | 0.1 | 1010 |
| | MD − 90 | 2760 | 0.01 | 0.1 | 870 |
| | TU − 134 | 2930 | 1.80 | 0.1 | 930 |
| | TU − 154 − M | 5960 | 1.32 | 0.2 | 4890 |
| | TU − 154 − B | 7030 | 11.90 | 0.2 | 2230 |
| | RJ − RJ85 | 1910 | 0.13 | 0.1 | 600 |
| | BAE 146 | 1800 | 0.14 | 0.1 | 570 |
| | CRJ − 100ER | 1060 | 0.06 | 0.03 | 330 |
| 단거리 | ERJ − 145 | 990 | 0.06 | 0.03 | 310 |
| 제트기 | Fokker 100/70/28 | 2390 | 0.14 | 0.1 | 760 |
| | BAC111 | 2520 | 0.15 | 0.1 | 800 |
| | Dornier 328 Jet | 870 | 0.06 | 0.03 | 280 |
| | Gulfstream IV | 2160 | 0.14 | 0.1 | 680 |

| 단거리 제트기 | Gulfstream V | 1890 | 0.03 | 0.1 | 600 |
|---|---|---|---|---|---|
| | YAK−42M | 2880 | 0.25 | 0.1 | 910 |
| 제트기 | Cessna 525/560 | 1070 | 0.33 | 0.03 | 340 |
| 터보 프로펠러기 | Beech King Air | 230 | 0.06 | 0.01 | 70 |
| | DHC8−100 | 640 | 0.00 | 0.02 | 200 |
| | ATR72−500 | 620 | 0.03 | 0.02 | 200 |

* 출처: 2006 IPCC 국가 인벤토리 작성을 위한 가이드라인


## 제2절 철도(IPCC 카테고리: 1A3c)

### 1. 배출활동 개요

철도 부문은 일반적으로 디젤, 전기, 증기 세 가지 중 하나를 사용하여 구동하는 철도 기관차에서 배출되는 온실가스 배출량을 산정한다.

### 2. 보고 대상 배출시설

철도 부문의 보고대상 배출시설은 아래와 같으며, 세부내용은 별표 7의 배출활동별 배출시설 개요를 참조한다.
① 고속차량
② 전기기관차
③ 전기동차
④ 디젤기관차
⑤ 디젤동차
⑥ 특수차량

## 3. 보고 대상 온실가스

| 구분 | $CO_2$ | $CH_4$ | $N_2O$ |
|---|---|---|---|
| 산정방법론 | Tier 1, 2 | Tier 1, 2, 3 | Tier 1, 2, 3 |

## 4. 배출량 산정방법론

① *Tier 1*

**Tier 1** 산정방법은 연료 종류별 사용량을 활동자료로 하고 기본 배출계수를 이용하여 배출량을 산정하는 방법이다.

$$E_{i,j} = \sum (Q_i \times EC_i \times EF_{i,j} \times F_{eq,j} \times 10^{-9})$$

$E_{i,j}$: 연료 종류 ($i$)의 사용에 따른 온실가스 ($j$)의 배출량($CO_2-e$ ton)

$Q_i$: 연료 종류 ($i$)의 연료소비량($L$)

$EC_i$: 연료 종류 ($i$)의 순발열량($MJ/L-$연료)

$EF_{i,j}$: 연료 종류 ($i$)에 대한 온실가스 ($j$)의 배출계수(kg/TJ)

$F_{eq,j}$: 온실가스 ($j$)의 $CO_2$ 등가계수

　　($CO_2=1$, $CH_4=21$, $N_2O=310$)

$i$: 연료 종류

② *Tier 2*

**Tier 2** 산정방법은 기관차 종류, 연료 종류, 엔진 종류에 따른 연료사용량을 활동자료로 하고 국가 고유 배출계수를 사용하여 배출량을 산정하는 방법이다.

$$E_{i,j} = \sum (Q_{i,k,l} \times EC_i \times EF_{i,j,k,l} \times F_{eq,j} \times 10^{-9})$$

$E_{i,j}$: 연료 종류 ($i$)의 사용에 따른 온실가스 ($j$)의 배출량($CO_2-e$ ton)

$Q_{i,k,l}$: 연료 종류 ($i$), 기관차 종류 (k), 엔진 종류 ($l$)의 연료소비량($L$)

$EC_i$: 연료 종류 ($i$)의 순발열량(MJ / L − 연료)

$EF_{i,j,k,l}$: 연료 종류 ($i$), 기관차 종류 ($k$), 엔진 종류 ($l$)에 대한 온실가스 ($j$)의 배출계수(kg/TJ)

$F_{eq.j}$: 온실가스 ($j$)의 $CO_2$ 등가계수

    ($CO_2$=1, $CH_4$=21, $N_2O$=310)

$i$: 연료 종류

$k$: 기관차 종류

$l$: 엔진 종류


③ *Tier 3*

$CH_4$와 $N_2O$ 배출량은 기관차 종류, 엔진 종류, 부하율 등 다양한 인자에 의해 영향을 받으므로, 보다 정확한 배출량 산정을 위해서는 이러한 인자들을 모두 고려해야 한다. 이를 위해서 Tier 3 산정방법에서는 이와 같은 인자들이 고려된 고유 배출계수 개발이 요구된다.

$$E_{k.j} = \sum (N_k \times H_k \times P_k \times LF_k \times EF_k \times F_{eq.j} \times 10^{-6})$$


$E_{k.j}$: $CH_4$ 또는 $N_2O$ 배출량($CO_2$−e ton)

$N_k$: 기관차 ($k$)의 수

$H_k$: 기관차 ($k$)의 연간 운행시간(h)

$P_k$: 기관차 ($k$)의 평균 정격 출력(kW)

$LF_k$: 기관차 ($k$)의 전형적인 부하율(0에서 1 사이의 소수)

$EF_k$: 기관차 ($k$)의 배출계수(g/kWh)

$F_{eq.j}$: 온실가스 ($j$)의 $CO_2$ 등가계수

    ($CO_2$=1, $CH_4$=21, $N_2O$=310)


## 5. 매개변수별 관리기준

① 활동자료

*Tier 1*

연료종류별 연료사용량을 활동자료로 하고 사업자 혹은 연료공급자에 의해 측정된 측정불확도 ±7.5% 이내의 활동자료를 사용한다.

### *Tier 2*

연료 종류, 기관차 종류, 엔진 종류별 연료 사용량을 활동자료로 하고 사업자 혹은 연료공급자에 의해 측정된 측정불확도 ±5.0% 이내의 활동자료를 사용한다.

### *Tier 3*

기관차 종류별 연간 사용시간, 정격출력, 부하율 등을 활동자료로 하고 측정불확도 ±2.5% 이내의 활동자료를 사용한다.

② 배출계수

### *Tier 1*

Tier 1 방법을 이용하여 배출량을 산정하는 경우 아래 <표-6>의 기본 배출계수를 이용한다.

〈표-6〉철도부문 기본 배출계수(kg/TJ)

| 구분 | $CO_2$ | $CH_4$ | $N_2O$ |
|---|---|---|---|
| 디젤 | 74,100 | 4.15 | 28.6 |
| 아역청탄 | 96,100 | 2 | 1.5 |

* 출처: 2006 IPCC 국가 인벤토리 작성을 위한 가이드라인

### *Tier 2*

제46조 제2항에 따른 국가 고유 배출계수를 사용한다.

### *Tier 3*

기관차 종류별 연간 사용시간, 정격출력, 부하율 등을 고려하여 고유 배출계수를 개발하여 사용한다.

## 제3절 선박(IPCC 카테고리: 1A3d)

### 1. 배출활동 개요

휴양용 선박에서 대형 화물 선박까지 주로 디젤 엔진 또는 증기나 가스터빈에 의해 운항되는 모든 수상 교통(선박)에 의해 배출되는 온실가스가 포함되며, 선박의 운항에 의해 $CO_2$, $CH_4$, $N_2O$ 등 온실가스와 기타 대기오염물질이 배출된다.

### 2. 보고 대상 배출시설

선박 부문의 보고대상 배출시설은 아래와 같으며, 세부내용은 별표 7의 배출활동별 배출시설 개요를 참조한다. 국제 수상 운송(국제 벙커링)에 의한 온실가스 배출량은 산정·보고에서 제외한다.
① 수상항해 선박
② 어선
③ 기타 선박

### 3. 보고 대상 온실가스

| 구분 | $CO_2$ | $CH_4$ | $N_2O$ |
| --- | --- | --- | --- |
| 산정방법론 | Tier 1, 2 | Tier 1, 2 | Tier 1, 2 |

### 4. 배출량 산정방법론

① *Tier 1*

Tier 1 산정방법은 연료 종류별 사용량을 활동자료로 하고 기본 배출계수를 이용하여 배출량을 산정하는 방법이다.

$$E_{i,j} = \sum (Q_{ik} \times EC_i \times EF_{ij} \times F_{eq,j} \times 10^{-9})$$

$E_{i,j}$: 연료 종류 ($i$)의 사용에 따른 온실가스 ($j$)의 배출량($CO_2-e$ ton)

$Q_i$: 연료 종류 ($i$)의 연료 소비량(L)

$EC_i$: 연료 종류 ($i$)의 순발열량(MJ /L − 연료)

$EF_{i,j}$: 연료 종류 ($i$)에 대한 온실가스 ($j$)의 배출계수(kg/TJ)

$F_{eq,j}$: 온실가스 ($j$)의 $CO_2$ 등가계수

    ($CO_2=1$, $CH_4=21$, $N_2O=310$)

$i$: 연료 종류


② *Tier 2~3*

Tier 2 산정방법은 선박 종류, 연료 종류, 엔진 종류에 따라 배출량을 산정하며, 국가 고유 배출계수를 이용하여 배출량을 산정하는 방법이다.

$$E_{i,j} = \sum (Q_{i,k,l} \times EC_i \times EF_{i,j,k,l} \times F_{eq,j} \times 10^{-9})$$

$E_{i,j}$: 연료 종류 ($i$)의 사용에 따른 온실가스 ($j$)의 배출량($CO_2-e$ ton)

$Q_{i,k,l}$: 연료 종류 ($i$), 선박종류 ($k$), 엔진종류 ($l$)의 연료소비량(L)

$EC_i$: 연료 종류 ($i$)의 순발열량(MJ /L − 연료)

$EF_{i,k,l}$: 연료 종류 ($i$), 선박종류 ($k$), 엔진 종류 ($l$)에 대한 온실가스 ($j$)의 배출계수(kg/TJ)

$F_{eq,j}$: 온실가스 ($j$)의 $CO_2$ 등가계수

    ($CO_2=1$, $CH_4=21$, $N_2O=310$)

$i$: 연료 종류

$k$: 선박 종류

$l$: 엔진 종류

## 5. 매개변수별 관리기준

### ① 활동자료

*Tier 1*

국내 수상운송, 국제 수상운송 및 어업으로 구분한 연료 종류별 사용량을 활동자료로 하고 사업자 혹은 연료공급자에 의해 측정된 측정불확도 ±7.5% 이내의 활동자료를 사용한다.

*Tier 2*

선박 운항에 따른 연료 종류, 선박 종류, 선박에 탑재된 엔진 종류별 연료 사용량을 활동자료로 사용하고 사업자 혹은 연료공급자에 의해 측정된 측정불확도 ±5.0% 이내의 활동자료를 사용한다.

*Tier 3*

선박 운항에 따른 연료 종류, 선박 종류, 선박에 탑재된 엔진 종류별 연료 사용량을 활동자료로 사용하고 사업자 혹은 연료공급자에 의해 측정된 측정불확도 ±2.5% 이내의 활동자료를 사용한다.

### ② 배출계수

*Tier 1*

아래 <표-7>에 제시된 연료 종류 및 물질별 IPCC 가이드라인 기본 배출계수를 사용한다.

〈표-7〉 선박부문 기본 배출계수(kg/TJ)

| 구 분 | | $CO_2$ 배출계수(kg/TJ) |
|---|---|---|
| 휘발유 | | 69,300 |
| 등 유 | | 71,900 |
| 경 유 | | 74,100 |
| 중질유 | | 77,400 |
| LPG | | 63,100 |
| 기타유 | 정제가스 | 57,600 |
| | 파라핀왁스 | 73,300 |

| 기타유 | 백 유 | 73,300 |
| | 기타석유제품 | 73,300 |
| 천연가스 | | 56,100 |
| 구 분 | CH₄(kg/TJ) | N₂O(kg/TJ) |
| 선 박 | 7 | 2 |

* 출처: 2006 IPCC 국가 인벤토리 작성을 위한 가이드라인

### *Tier 2*

제46조 제2항에 따라 연료 종류, 선박 종류, 엔진 종류별로 특성화된 국가 고유 배출계수를 사용한다.

### *Tier 3*

제47조 규정에 따라 사업자가 자체 개발한 고유 배출계수를 사용한다.

[참고] 이동연소 도로부문(IPCC 카테고리: 1A3b) – 교재 I 편에 수록

# 광물산업 온실가스 배출량·에너지 소비량 산정

[지침] 온실가스·에너지 목표관리 운영 등에 관한 지침
환경부 고시 제2012-103호, 2012년 06월 21일 개정본(R.1)
최초: 환경부 고시 제2011-29호, 2011년 3월 16일 제정(R.0)
[지침의 근거] 「저탄소 녹색성장 기본법」 제42조 및 같은 법 시행령 제26조

# 광물산업

## 제1절 시멘트 생산(IPCC 카테고리: 2A1)

### 1. 배출활동 개요

시멘트 공정에서의 온실가스 배출원은 클링커의 제조공정인 소성 공정에서 탄산칼슘의 탈탄산 반응에 의하여 이산화탄소가 배출된다.

$$CaCO_3 + Heat \rightarrow CaO + CO_2$$

시멘트 공정에서의 $CO_2$ 배출특성은 소성시설(kiln)의 생석회 생성량과 연료사용량 및 폐기물 소각량에 의하여 영향을 받으며 그 밖에 주원료인 석회석과 함께 점토 등 부원료의 사용량에 의해서도 영향을 받을 수 있다. 연료 중 목재와 같은 바이오매스 재활용 연료의 경우 배출량 산정에서 제외하여야 하나 합성수지 및 폐타이어 등 폐연료의 경우는 배출량 산정 시 포함되어야 한다.

참고로, 소성로에서 발생되는 비산먼지인 Cement Kiln Dust(CKD)도 온실가스 배출과 연관이 있다. CKD는 소성공정의 회수시스템에 의해 다량 회수되어 소성공정에 재사용되므로, 회수되지 못한 CKD 내 탄산염 성분은 탈탄산 반응에 포함되지 않으므로 보정이 필요하다. CKD가 완전히 소성되거나 모두가 킬른으로 회수된다면 CKD에 의한 보정은 필요

없으나 소성되지 못한 CKD를 고려하지 않을 경우 배출량이 과다산정될 것이다.

시멘트는 수입된 클링커로부터 전적으로 생산(분쇄)될 수 있으며 이 경우 시멘트 생산 공정(소성공정)에서의 $CO_2$ 배출은 0이다. 벽돌용 시멘트(masonry cement) 생산과 관련하여서는, 벽돌용 시멘트를 생산하기 위하여 분쇄한 석회석을 포틀랜드 시멘트 혹은 클링커에 추가하여 생산되는 경우 석회에 관련된 배출은 석회 생산에서 이미 고려되었으므로 추가적인 $CO_2$ 배출은 없는 것으로 간주한다.

## 2. 보고 대상 배출시설

시멘트 생산의 연소의 보고대상 배출시설은 아래와 같으며, 세부내용은 별표 7의 배출활동별 배출시설 개요를 참조한다.

① 소성시설(kiln)

## 3. 보고대상 온실가스

| 구분 | $CO_2$ | $CH_4$ | $N_2O$ |
| --- | --- | --- | --- |
| 산정방법론 | Tier 1, 2, 3, 4 | − | − |

## 4. 배출량 산정방법론

① *Tier 1~2*

$$E_i = (EF_i + EF_{toc}) \times (Q_i + Q_{CKD} \times F_{CKD})$$

$E_i$: 클링커($i$) 생산에 따른 $CO_2$ 배출량($tCO_2$)

$EF_i$: 클링커($i$) 생산량당 $CO_2$ 배출계수($tCO_2/t-clinker$)

$EF_{toc}$: 투입원료(탄산염, 제강슬래그 등) 중 탄산염 성분이 아닌 기타 탄소성분에 기인하는 $CO_2$ 배출계수

(기본값으로 0.010tCO₂/t－clinker를 적용한다)

$Q_i$: 클링커($i$) 생산량(ton)

$Q_{CKD}$: 킬른에서 시멘트 킬른먼지($CKD$)의 유실량(ton)

$F_{CKD}$: 킬른에서 유실된 시멘트 킬른먼지($CKD$)의 하소율(%)


② *Tier 3*

Tier 3 산정방법론은 활동자료의 수집 및 시료의 분석 방법 등에 따라 Tier 3A(클링커 생산량 기반 산정방법)와 Tier 3B(투입원료량 기반 산정방법)로 구분한다.


㉮ *Tier 3A*

$$E_i = (Q_i \times EF_i) + (Q_{CKD} \times EF_{CKD}) + (Q_{toc} \times EF_{toc})$$

$E_i$: 클링커($i$) 생산에 따른 $CO_2$ 배출량(tCO₂)

$Q_i$: 클링커($i$) 생산량(ton)

$EF_i$: 클링커($i$) 생산량당 $CO_2$ 배출계수(tCO₂/t－clinker)

$Q_{CKD}$: 시멘트 킬른먼지($CKD$) 생산량(ton)

$EF_{CKD}$: 시멘트 킬른먼지($CKD$) 배출계수(tCO₂/t－CKD)

$Q_{toc}$: 원료 투입량(ton)

$EF_{toc}$: 투입원료(탄산염, 제강슬래그 등) 중 탄산염 성분이 아닌 기타 탄소성분에 기인 하는 $CO_2$ 배출계수

(기본값으로 0.0073tCO₂/t－원료를 적용한다)


㉯ *Tier 3B*

$$E_i = (Q_i \times EF_i \times F_i) - (Q_{CKD} \times EF_{CKD} \times (1 - F_{CKD})) + (Q_{toc} \times EF_{toc})$$

$E_i$: 킬른에서 탄산염 원료($i$)의 소성으로 인한 $CO_2$ 배출량(tCO₂)

$Q_i$: 킬른에 투입된 순수 탄산염($i$)의 소비량(ton)

$EF_i$: 순수 탄산염 원료($i$)의 소성에 따른 $CO_2$ 배출계수(tCO$_2$/t－탄산염)

$F_i$: 킬른에서 순수 탄산염($i$)의 하소율(%)

$Q_{CKD}$: 킬른에서 시멘트 킬른먼지($CKD$)의 생산량(ton)

$EF_{CKD}$: 킬른에서 유실된 시멘트 킬른먼지($CKD$)의 기본배출계수

$F_{CKD}$: 킬른에서 유실된 시멘트 킬른먼지($CKD$)의 하소율(%)

$Q_{toc}$: 원료 투입량(ton)

$EF_{toc}$: 투입원료(탄산염, 제강슬래그 등) 중 탄산염 성분이 아닌 기타 탄소성분에 기인
하는 $CO_2$ 배출계수(기본값으로 0.0073tCO$_2$/t－원료를 적용한다)


## 5. 매개변수별 관리 기준


### ① 활동자료

***Tier 1***

측정불확도 ±7.5% 이내의 클링커($i$) 생산량 등 활동자료를 사용한다.


***Tier 2***

측정불확도 ±5.0% 이내의 클링커($i$) 생산량 자료 등 활동자료를 사용한다.


***Tier 3A***

측정불확도 ±2.5% 이내의 클링커($i$) 생산량 자료 및 원료 투입량(toc) 등의 활동자료를
사용한다.


***Tier 3B***

측정불확도 ±2.5% 이내의 순수 탄산염($i$) 원료 사용량 등 활동자료를 사용한다. 이 경우
제47조에 따라 원료 및 부원료에 대한 성분분석을 실시하여 순수 탄산염($i$)에 대한 활동자
료를 결정한다. 원료 물질 내 탄산염 성분이 아닌 탄소의 함량은 산업계 최적관행(best
practice)에 따라 분석할 수 있다.

*Tier 4*

연속측정방식(CEM)을 사용한다.


② 배출계수

*Tier 1*

클링커 생산량당 배출계수(*EF*)는 IPCC 가이드라인의 기본 배출계수를 사용한다. 시멘트킬른먼지(*CKD*)의 하소율(*F*$_{ckd}$)은 공장 내 측정값이 있다면 측정값을 적용하고, 측정값이 없다면 1.0(100% 하소 가정)을 적용한다.

| 구 분 | tCO$_2$/t − clinker |
|---|---|
| 클링커 생산량당 CO$_2$ 배출계수 | 0.510 |

* 출처: 2006 IPCC 국가 인벤토리 작성을 위한 가이드라인


*Tier 2*

제46조 제2항에 따른 클링커 생산량당 국가 고유 배출계수를 적용한다. 다만, 동 자료가 없을 경우에는 사업자가 제47조 규정에 따라 클링커의 CaO 및 MgO 성분을 측정·분석하여 아래 식에 따라 배출계수(*EFi*)를 개발하여 활용한다.

시멘트킬른먼지(*CKD*)의 하소율(*Fckd*)은 공장 내 측정값이 있다면 측정값을 적용하고, 측정값이 없다면 1.0(100% 하소 가정)을 적용한다.

$$EF_i = F_{CaO} \times 0.785 + F_{MgO} \times 1.092$$

$F_{CaO}$: 생산된 클링커(*i*) 중 CaO 함량(%)
$F_{MgO}$: 생산된 클링커(*i*) 중 MgO 함량(%)


여기에서, 별표 14의 「고정연소(고체연료)」 중 폐기물연료 연소에 따른 배출량을 산정할 때 시멘트 업종단위로 활용 중에 있는 아래 표의 Tier 2 수준 CSI 기본 배출계수를 활용할 수 있다. 다만 센터에서 해당하는 폐기물 연료의 국가 고유 배출계수를 개발하여 공표할 경우 이 값을 우선 적용하여야 한다.

〈표-8〉 순수 탄산염 성분에 따른 $CO_2$ 배출계수

| 폐기물연료 | 값(kgCO₂/GJ) | 폐기물연료 | 값(kgCO₂/GJ) |
|---|---|---|---|
| 폐유(Waste oil) | 74 | 폐용제(waste solvent) | 74 |
| 폐타이어(Tyres) | 85 | 톱밥(impregnated saw dust) | 75 |
| 폐플라스틱(Plastics) | 75 | 혼합된 산업폐기물(mixed industrial waste) | 83 |
| 기타화석연료 기원 폐기물 | 80 | | |

* 출처: WBCSD Cement Sustainability Initiative

## *Tier 3A*

사업자가 제47조 규정에 따라 클링커의 CaO 및 MgO 성분을 측정·분석하여 아래 식에 따라 배출계수(*EFi*)를 개발하여 활용한다. CaO 및 MgO 성분은 산업계 최적 관행(best practice)에 따라 분석할 수 있다.

㉠ 클링커 배출계수(*EFi*)

$$EF_i = (Ci_{CaO} - Ci_{nCaO}) \times 0.785 + (Ci_{MgO} - Ci_{nMgO}) \times 1.092$$

*EF_i*: 클링커(*i*) 생산량당 배출계수(tCO₂/t−clinker)

$C_{liCaO}$: 생산된 클링커(*i*)에 함유된 CaO 함량(wt%)

$C_{linCaO}$: 생산된 클링커(*i*)에 함유된 소성되지 않은 CaO 함량(wt%)

(소성되지 않은 CaO는 $CaCO_3$ 형태로 클링커에 남아 있는 CaO 및 비탄산염 종류로 킬른에 들어가서 클링커에 있는 CaO를 의미한다.)

$C_{liMgO}$: 생산된 클링커(*i*)에 함유된 MgO 함량(wt%)

$C_{linMgO}$: 생산된 클링커(*i*)에 함유된 소성되지 않은 MgO 함량(wt%)

(소성되지 않은 MgO는 $MgCO_3$ 형태로 클링커에 남아 있는 MgO 및 비탄산염 종류로 킬른에 들어가서 클링커에 있는 MgO를 의미한다.)

㉡ 시멘트 킬른먼지 배출계수(*EFCKD*)

$$EF_{CKD} = (CKD_{CaO} - CKD_{nCaO}) \times 0.785 + (CKD_{MgO} - CKD_{nMgO}) \times 1.092$$

$EF_{CKD}$: 시멘트 킬른먼지(CKD) 배출계수(tCO$_2$/t $-$ CKD)

$CKD_{CaO}$: 킬른에 재활용되지 않는 CKD의 CaO 함량(wt%)

$CKD_{nCaO}$: 킬른에 재활용되지 않는 CKD의 소성되지 않은 CaO 함량(wt%)

(소성되지 않은 CaO는 CaCO$_3$ 형태로 CKD에 남아 있는 CaO 및 비탄산염 종류로 킬른
에 들어가서 CKD에 있는 CaO를 의미한다.)

$CKD_{MgO}$: 킬른에 재활용되지 않는 CKD의 MgO 함량(wt%)

$CKD_{nMgO}$: 킬른에 재활용되지 않는 CKD의 소성되지 않은 MgO 함량(wt%)

(소성되지 않은 MgO는 MgCO$_3$ 형태로 CKD에 남아 있는 MgO 및 비탄산염 종류로 킬른
에 들어가서 CKD에 있는 MgO를 의미한다)


### Tier 3B

사업자가 제47조 규정에 따라 원료 및 부원료의 성분을 분석하여 아래 식에 따라 순수
탄산염($i$) 성분에 대한 CO$_2$ 배출계수를 개발하여 사용한다.

순수탄산염($i$)의 분자식이 $Xy(CO3)2$으로 구성될 경우, 배출계수는 화학양론에 따라 다
음과 같이 결정한다.


㉠ 순수탄산염의 배출계수($EFi$)

$$EF_i = Mw_{CO_2} \div (Y \times Mw_X + Z \times Mw_{CO_3^{-2}})$$


$EF_i$: 원료로 투입된 탄산염($i$)의 CO$_2$ 배출계수(tCO$_2$/t $-$ 탄산염원료)

$Mw_{CO2}$: CO$_2$의 분자량(44g/mol)

$Mw_X$: X(알칼리 금속, 혹은 알칼리 토금속)의 분자량(g/mol)

$Mw_{CO3-2}$: CO$_3^{-2}$의 분자량(60g/mol)

$Y$: X의 화학양론계수(알칼리토금속류 "1", 알칼리금속류 "2")

$Z$: CO$_3^{-2}$의 화학양론계수

〈표-9〉 순수 탄산염 성분에 따른 $CO_2$ 배출계수

| 탄산염($i$) | 광물 이름 | 배출계수(tCO₂/t탄산염) |
|---|---|---|
| $CaCO_3$ | 석회석 | 0.4397(tCO₂/tCaCO₃) |
| $MgCO_3$ | 마그네사이트 | 0.5220(tCO₂/tMgCO₃) |
| $CaMg \cdot (CO_3)_2$ | 백운석 | 0.4773[tCO₂/tCaMg · (CO₃)₂] |
| C | 탄소 | 3.6640(tCO₂/tC) |

* 출처: 2006 IPCC 국가 인벤토리 작성을 위한 가이드라인

ⓒ 시멘트 킬른먼지 배출계수($EF_{CKD}$)

$$EF_{CKD} = (CKD_{CaO} - CKD_{nCaO}) \times 0.785 + (CKD_{MgO} - CKD_{nMgO}) \times 1.092$$

$EF_{CKD}$: 시멘트 킬른먼지(CKD) 배출계수(tCO₂/t－CKD)

$CKD_{CaO}$: 킬른에 재활용되지 않는 CKD의 CaO 함량(wt%)

$CKD_{nCaO}$: 킬른에 재활용되지 않는 CKD의 소성되지 않은 CaO 함량(wt%)

(소성되지 않은 CaO는 CaCO₃ 형태로 CKD에 남아 있는 CaO 및 비탄산염 종류로 킬른
에 들어가서 CKD에 있는 CaO를 의미한다.)

$CKD_{MgO}$: 킬른에 재활용되지 않는 CKD의 MgO 함량(wt%)

$CKD_{nMgO}$: 킬른에 재활용되지 않는 CKD의 소성되지 않은 MgO 함량(wt%)

(소성되지 않은 MgO는 MgCO₃ 형태로 CKD에 남아 있는 MgO 및 비탄산염 종류로 킬른
에 들어가서 CKD에 있는 MgO를 의미한다.)

*Tier 4*

연속측정방식(CEM)을 사용한다.

## 제2절 석회 생산(IPCC 카테고리: 2A2)

### 1. 배출활동 개요

석회 제조 공정은 시멘트 공정과 유사하게 소성공정에서 석회석 혹은 Dolomite 등 원료
의 탈탄산 반응에 의하여 온실가스 배출된다.

$$CaCO_3 + heat \rightarrow CO_2 + CaO \quad 혹은$$
$$CaCO_3 \cdot MgCO_3 + heat \rightarrow 2CO_2 + CaO \cdot MgO$$

연수를 위한 소석회의 사용은 $CO_2$와 석회의 반응으로 탄산칼슘($CaCO_3$)을 재생성하여
대기 중으로의 $CO_2$ 순배출을 발생하지 않는다. 또한 석회의 생산 동안 석회 킬른 먼지
(Lime kiln dust; LKD)가 생성될 것이다 이는 배출량 산정 시 고려되어야 한다.

### 2. 보고 대상 배출시설

석회 생산 공정의 보고대상 배출시설은 아래와 같으며, 세부내용은 별표 7의 배출활동
별 배출시설 개요를 참조한다.

① 소성시설(kiln)

### 3. 보고 대상 온실가스

| 구분 | $CO_2$ | $CH_4$ | $N_2O$ |
|---|---|---|---|
| 산정방법론 | Tier 1, 2, 3, 4 | − | − |

## 4. 배출량 산정 방법론

### ① Tier 1~2

$$E_i = Q_i \times EF_i$$

$E_i$: 석회($i$) 생산으로 인한 $CO_2$ 배출량($tCO_2$)

$Q_i$: 석회($i$) 생산량(ton)

$EF_i$: 석회($i$) 생산량당 $CO_2$ 배출계수($tCO_2/t$ − 석회생산량)

### ② Tier 3

$$E_i = (EF_i \times Q_i \times F_i) - Q_{LKD} \times EF_{LKD} \times (1 - F_{LKD})$$

$E_i$: 석회 생산에서 탄산염($i$)으로 인한 $CO_2$ 배출량($tCO_2$)

$Q_i$: 소성시설에 투입된 순수 탄산염($i$) 사용량(ton)

$EF_i$: 순수탄산염($i$)의 하소에 따른 $CO_2$ 배출계수($tCO_2/t$ − 순수탄산염)

$F_i$: 석회 소성시설에 투입된 탄산염($i$)의 하소율(%)

$Q_{LKD}$: 석회생산 시 유실된 석회킬른먼지(LKD)의 양(ton)

$EF_{LKD}$: 석회생산 시 유실된 석회킬른먼지(LKD)에 따른 $CO_2$ 배출계수(기본값으로 '0.440$tCO_2/t$ − LKD'을 사용한다)

$F_{LKD}$: 석회킬른먼지(LKD)의 하소율(%)

## 5. 매개변수별 관리 기준

### ① 활동자료($Qi$)

**Tier 1**

측정불확도 ±7.5% 이내의 석회생산량($Qi$) 자료를 사용한다.

**Tier 2**

측정불확도 ±5.0% 이내의 석회생산량($Qi$) 자료를 사용한다.

### Tier 3

측정불확도 ±2.5% 이내의 순수 탄산염사용량($Qi$) 및 유실된 석회킬른먼지($QLKD$) 등 활동자료를 사용한다. 이 경우 제47조에 따라 원료 및 부원료에 대한 성분분석을 실시하여 순수 탄산염($i$)에 대한 활동자료를 결정한다.

### Tier 4

연속측정방식(CEM)을 사용한다.

② 배출계수($EFi$)

### Tier 1

IPCC 가이드라인 기본계수(석회 생산량당 $CO_2$ 배출량)를 사용한다.

| 구 분 | $tCO_2/t$ – 생석회 |
| --- | --- |
| 석회 생산량당 $CO_2$ 배출계수 | 0.750 |

* 출처: 2006 IPCC 국가 인벤토리 작성을 위한 가이드라인

### Tier 2

제46조 제2항에 따른 국가 고유 배출계수를 사용한다.

다만 값이 없는 경우에는 사업자가 제47조에 따라 석회석의 성분을 분석하여 다음 식에 따른 고유 배출계수($EFi$)를 활용한다.

$$EF_i = F_i \times \frac{Mw_{CO2}}{Mw_j}$$

$F_j$: 석회(CaO)의 순도(비율)

$Mw_{CO2}$: $CO_2$의 분자량(=44.01)

$Mw_j$: j(CaO, CaO · MgO)의 분자량

*Tier 3*

사업자가 제47조 규정에 따라 석회소성시설에 투입되는 원료 및 부원료 성분을 측정·분석하여 아래 식에 따라 고유 배출계수를 개발하여 활용한다.

각 탄산염의 하소율($F_i$) 및 석회킬른먼지의 하소율($F_{LKD}$)은 사업장 측정값을 활용하며, 측정값이 없을 경우 1.0을 적용한다.


㉠ 순수탄산염($i$)의 배출계수($EF_i$)

$$EF_i = \frac{Mw_{CO_2}}{(Y \times Mw_X + Z \times Mw_{CO_3^{-2}})}$$


* 가정: 탄산염($i$)의 분자식 = ***Xy(CO3)z***

***$EF_i$***: 원료로 투입된 탄산염(i)의 $CO_2$ 배출계수(tCO₂/t－탄산염원료)(표－10 참조)

***$Mw_{CO2}$***: $CO_2$의 분자량(44g/mol)

***$Mw_X$***: X(알칼리 금속, 혹은 알칼리 토금속)의 분자량(g/mol)

***$Mw_{CO3-2}$***: $CO_3^{-2}$의 분자량(60g/mol)

***Y***: X의 화학양론계수(알칼리토금속류 "1", 알칼리금속류 "2")

***Z***: $CO_3^{-2}$의 화학양론계수(1)


〈표－10〉 순수 탄산염 성분에 따른 $CO_2$ 배출계수

| 탄산염($i$) | 광물 이름 | 배출계수(tCO₂/t탄산염) |
|---|---|---|
| $CaCO_3$ | 석회석 | 0.4397(tCO₂/tCaCO₃) |
| $MgCO_3$ | 마그네사이트 | 0.5220(tCO₂/tMgCO₃) |
| $CaMg \cdot (CO_3)_2$ | 백운석 | 0.4773[tCO₂/tCaMg·(CO₃)₂] |
| C | 탄소 | 3.6640(tCO₂/tC) |

* 출처: 2006 IPCC 국가 인벤토리 작성을 위한 가이드라인


㉡ 석회생산 시 유실된 석회킬른먼지의 배출계수(***$EF_{LKD}$***)

$$EF_{LKD} = (LKD_{CaO} - LKD_{nCaO}) \times 0.785 + (LKD_{MgO} - LKD_{nMgO}) \times 1.092$$

$EF_{LKD}$: 석회생산 시 유실된 석회킬른먼지(CKD)의 배출계수($tCO_2/t-LKD$)

$LKD_{CaO}$: 킬른에 재활용되지 않는 LKD의 CaO 함량(wt%)

$LKD_{nCaO}$: 킬른에 재활용되지 않는 LKD의 소성되지 않은 CaO 함량(wt%)

(소성되지 않은 CaO는 $CaCO_3$ 형태로 LKD에 남아 있는 CaO 및 비탄산염 종류로 킬른에 들어가서 LKD에 있는 CaO를 의미한다.)

$LKD_{MgO}$: 킬른에 재활용되지 않는 LKD의 MgO 함량(wt%)

$LKD_{nMgO}$: 킬른에 재활용되지 않는 LKD의 소성되지 않은 MgO 함량(wt%)

(소성되지 않은 MgO는 $MgCO_3$ 형태로 LKD에 남아 있는 MgO 및 비탄산염 종류로 킬른에 들어가서 LKD에 있는 MgO를 의미한다.)


*Tier 4*

연속측정방식(CEM)을 사용한다.


## 제3절 탄산염의 기타 공정사용(IPCC 카테고리: 2A4)


### 1. 배출활동 개요

탄산염은 시멘트 제조, 석회 제조 및 유리 제조 등뿐만 아니라, 세라믹 생산, 비-야금 마그네시아 생산 및 소다회 소비 등 다수의 산업에서 사용된다. 시멘트 제조 및 석회 제조 등 앞서 설명된 활동은 중복산정을 피하기 위하여 제외되며, 세라믹 생산, 비-야금 마그네시아 생산, 소다회 소비 및 유리생산과 같이 탄산염을 사용하는 공정 중 설명되지 않은 활동에서의 온실가스 배출량을 산정한다(석회진 비료의 소비와 같이 농업활동에서의 탄산염 소비 등 보고 항목이 아닌 활동은 제외한다).


### 2. 보고 대상 배출시설

탄산염의 기타 공정 사용의 보고대상 배출시설은 아래와 같으며, 세부내용은 별표 7의 배출활동별 배출시설 개요를 참조한다.

① 소성시설('도자기·요업제품 제조시설' 중 소성시설을 말한다)

② 용융·용해시설('유리 및 유리제품 제조시설'의 용융·용해시설, '도자기·요업제품 제조시설' 중 용융·용해시설을 말한다)

③ 약품회수시설('펄프·종이 및 종이제품 제조시설' 중 약품회수시설을 말한다)

④ 배연탈황시설

## 3. 보고 대상 온실가스

| 구분 | $CO_2$ | $CH_4$ | $N_2O$ |
|---|---|---|---|
| ① 석회석 및 백운석 사용 등 | Tier 1, 2, 3, 4 | − | − |
| ② 유리 생산 | Tier 1, 2, 3, 4 | − | − |

## 4. 배출량 산정 방법론

① 석회석 및 백운석의 사용 등

### ① *Tier 1*

$$E_i = Q_i \times (0.85 \times EF_{ls} + 0.15 \times EF_d)$$

$E_i$: 탄산염($i$)의 기타 공정 사용에 따른 $CO_2$ 배출량($tCO_2$)

$Q_i$: 해당 공정에서의 소비된 탄산염($i$)의 질량(ton)

$EF_{ls}$: 소성과정에서 석회석($ls$)의 $CO_2$ 배출계수($tCO_2$/t − 석회석)

$EF_d$: 소성과정에서 백운석($d$)의 $CO_2$ 배출계수($tCO_2$/t − 백운석)

### ② *Tier 2*

$$E_i = (M_{ls} \times r_{ls} \times EF_{ls}) + (M_d \times r_d \times EF_d)$$

$E_i$: 탄산염($i$)의 기타 공정 사용에 따른 $CO_2$ 배출량($tCO_2$)

$M_{ls}$: 해당 공정에서의 소비된 석회석($ls$)의 질량(ton)

$M_d$: 해당 공정에서의 소비된 백운석($d$)의 질량(ton)

$EF_{ls}$: 소성과정에서 석회석($ls$)의 $CO_2$ 배출계수(tCO_2/t－석회석)

$EF_d$: 소성과정에서 백운석($d$)의 $CO_2$ 배출계수(tCO_2/t－백운석)

$r_{ls}$: 석회석($ls$)의 순수 탄산염 비율

$r_d$: 백운석(d)의 순수 탄산염 비율


③ *Tier 3*

$$E_i = \sum_i (Q_i \times r_i \times EF_i \times F_i)$$


$E_i$: 탄산염($i$)의 소비에 따른 $CO_2$ 배출량(tCO_2)

$Q_i$: 소비된 탄산염($i$)의 질량(ton)

$EF_i$: 탄산염($i$) 사용량당 $CO_2$ 배출계수(tCO_2/t－탄산염)

$F_i$: 탄산염($i$)의 기타 공정사용에서 소성비율

$r_i$: 탄산염($i$)의 순도(비율)


② 유리 생산

① *Tier 1, 2*

$$E_i = \sum [M_{gi} \times EF_i \times (1 - CR_i)]$$


$E_i :$ 유리생산으로 인한 $CO_2$ 배출량(tCO_2)

$M_{gi} :$ 유리($i$)의 생산량(ton)(예: 용기, 섬유유리 등)

$EF_i$: 유리($i$)의 생산에 따른 $CO_2$ 배출계수(tCO_2/t－유리생산량)

$CR_i$: 유리($i$)의 유리 제조 공정에서의 컬릿 비율(%)


② *Tier 3*

$$E_i = \sum_i (M_i \times r_i \times EF_i \times F_i)$$

$E_i$: 유리생산으로 인한 $CO_2$ 배출량($tCO_2$)

$M_i$: 유리제조공정에 사용된 탄산염($i$) 사용량(ton)

$EF_i$: 탄산염($i$)에 대한 $CO_2$ 배출계수($tCO_2/t$ − 탄산염)

$F_i$: 탄산염($i$)의 소성비율

$r_i$: 탄산염($i$)의 순도(비율)


## 5. 매개변수별 관리기준


### ① 석회석 및 백운석의 사용


#### ① 활동자료

***Tier 1***

측정불확도 ±7.5% 이내의 탄산염($i$) 사용량 자료를 사용한다.


***Tier 2***

측정불확도 ±5.0% 이내의 탄산염($i$) 성분이 포함된 원료사용량 자료를 사용한다. 원료의 순수 탄산염의 비율은 공급업체에서 제공하는 값을 활용한다.


***Tier 3***

측정불확도 ±2.5% 이내의 탄산염($i$) 사용량 자료를 사용한다.


***Tier 4***

연속측정방식(CEM)을 사용한다.


#### ② 배출계수

***Tier 1***

IPCC 가이드라인 기본계수(탄산염 사용량당 $CO_2$ 배출계수)를 사용한다.

| 탄산염($i$) | 광물 이름 | 배출계수(tCO₂/t탄산염) |
|---|---|---|
| $CaCO_3$ | 석회석 | 0.4397(tCO₂/tCaCO₃) |
| $CaMg \cdot (CO_3)_2$ | 백운석 | 0.4773[tCO₂/tCaMg · (CO₃)₂] |

* 출처: 2006 IPCC 국가 인벤토리 작성을 위한 가이드라인

## *Tier 2*

제46조 제2항에 따른 국가 고유 배출계수(탄산염 사용량당 $CO_2$ 배출계수)를 사용한다.

## *Tier 3*

제47조 규정에 따라 사업자가 측정·분석하거나 원료 공급자에 의해 측정·분석된 원료 성분을 활용하여 아래 식에 따라 고유 배출계수를 개발하여 사용한다.

$$EF_i = \frac{Mw_{CO_2}}{(Y \times Mw_X + Z \times Mw_{CO_3^{-2}})}$$

* 가정: 탄산염($i$)의 분자식 = $Xy(CO_3)_z$

$EF_i$: 원료로 투입된 탄산염(i)의 $CO_2$ 배출계수(tCO₂/t – 탄산염원료)

$Mw_{CO2}$: $CO_2$의 분자량(44g/mol)

$Mw_X$: X(알칼리 금속, 혹은 알칼리 토금속)의 분자량(g/mol)

$Mw_{CO3-2}$: $CO_3^{-2}$의 분자량(60g/mol)

$Y$: X의 화학양론계수(알칼리토금속류 "1", 알칼리금속류 "2")

$Z$: $CO_3^{-2}$의 화학양론계수

〈표-11〉 순수 탄산염 성분에 따른 $CO_2$ 기본 배출계수

| 탄산염($i$) | 광물 이름 | 배출계수(tCO₂/t탄산염) |
|---|---|---|
| $CaCO_3$ | 석회석 | 0.4397(tCO₂/tCaCO₃) |
| $MgCO_3$ | 마그네사이트 | 0.5220(tCO₂/tMgCO₃) |
| $CaMg \cdot (CO_3)_2$ | 백운석 | 0.4773[tCO₂/tCaMg · (CO₃)₂] |
| $FeCO_3$ | 능철광 | 0.3799(tCO₂/tFeCO₃) |
| $Ca(Fe,Mg,Mn)(CO_3)_2$ | 철백운석 | 0.4082~0.4757(tCO₂/t 철백운석) |
| $MnCO_3$ | 망간광 | 0.3827(tCO₂/tMnCO₃) |

| Na$_2$CO$_3$ | 소다회 | 0.4149(tCO$_2$/tNa$_2$CO$_3$) |
| C | 탄소 | 3.6640(tCO$_2$/tC) |

* 출처: 2006 IPCC 국가 인벤토리 작성을 위한 가이드라인
** 위 표는 100% 소성을 가정한 CO$_2$의 배출비율을 나타낸다.

### *Tier 4*

연속측정방식(CEM)을 사용한다.

### ② 유리 생산

### ① 활동자료

#### *Tier 1*

측정불확도 ±7.5% 이내의 유리종류(*i*)별 유리생산량 자료를 사용한다.

유리제조공정 중 컬릿비율(*CRi*)은 측정값이 있을 경우 이를 적용하고, 값이 없으면 활용하지 않는다.

#### *Tier 2*

측정불확도 ±5.0% 이내의 생산된 유리(*i*) 질량 등의 활동자료를 사용한다. 유리제조공정 중 컬릿비율(*CRi*)은 측정값이 있을 경우 이를 적용하고, 값이 없으면 활용하지 않는다.

#### *Tier 3*

측정불확도 ±2.5% 이내의 탄산염(i) 성분이 포함된 원료사용량 자료를 사용하고 원료의 순도(비율)는 공급업체에서 제공하는 값을 활용한다. 탄산염의 소성비율(*Fi*)은 측정값이 있을 경우 이를 적용하고 측정값이 없다면 1.0(100% 소성)을 적용한다.

#### *Tier 4*

연속측정방식(CEM)을 사용한다.

② 배출계수

## Tier 1

아래 <표-12>에 제시된 IPCC 가이드라인 기본 배출계수를 사용한다.

〈표-12〉 유리제품종류(i), 컬릿비율에 따른 $CO_2$ 배출계수

| 유리제품종류($i$) | $CO_2$ 배출계수 (kg $CO_2$/kg 유리) | 컬릿비율(%) |
|---|---|---|
| Float | 0.21 | 10~25 |
| Container (Flint) | 0.21 | 30~60 |
| Container(Amber/Green) | 0.21 | 30~80 |
| Fiberglass(E−glass) | 0.19 | 0~15 |
| Fiberglass(Insulation) | 0.25 | 10~50 |
| Specialty(TV Panel) | 0.18 | 20~75 |
| Specialty(TV Funnel) | 0.13 | 20~70 |
| Specialty(Tableware) | 0.10 | 20~60 |
| Specialty(Lab/Pharma) | 0.03 | 30~75 |
| Specialty(Lighting) | 0.20 | 40~70 |

## Tier 2

제46조 제2항에 따른 유리종류($i$)별 국가 고유 배출계수를 사용한다.

## Tier 3

사업자가 제47조 규정에 따라 원료 성분을 측정·분석하여 아래 식에 따라 개발된 고유 배출계수를 사용한다.

$$EF_i = \frac{Mw_{CO_2}}{(Y \times Mw_X + Z \times Mw_{CO_3^{-2}})}$$

* 가정: 탄산염($i$)의 분자식 = $Xy(CO3)z$

$EF_i$: 원료로 투입된 탄산염(i)의 $CO_2$ 배출계수(tCO₂/t−탄산염원료)

$Mw_{CO_2}$: $CO_2$의 분자량(44g/mol)

$Mw_X$: X(알칼리 금속, 혹은 알칼리 토금속)의 분자량(g/mol)

$Mw_{CO3-2}$: $CO_3^{-2}$의 분자량(60g/mol)

$Y$: X의 화학양론계수(알칼리토금속류 "1", 알칼리금속류 "2")

$Z$: $CO_3^{-2}$의 화학양론계수

〈표-13〉 순수 탄산염 성분에 따른 $CO_2$ 기본 배출계수

| 탄산염($i$) | 광물 이름 | 배출계수(tCO₂/t탄산염) |
|---|---|---|
| $CaCO_3$ | 석회석 | 0.4397(tCO₂/tCaCO₃) |
| $MgCO_3$ | 마그네사이트 | 0.5220(tCO₂/tMgCO₃) |
| $CaMg \cdot (CO_3)_2$ | 백운석 | 0.4773[tCO₂/tCaMg · (CO₃)₂] |
| $FeCO_3$ | 능철광 | 0.3799(tCO₂/tFeCO₃) |
| $Ca(Fe,Mg,Mn)(CO_3)_2$ | 철백운석 | 0.4082~0.4757(tCO₂/t철백운석) |
| $MnCO_3$ | 망간광 | 0.3827(tCO₂/tMnCO₃) |
| $Na_2CO_3$ | 소다회 | 0.4149(tCO₂/tNa₂CO₃) |
| $C$ | 탄소 | 3.6640(tCO₂/tC) |

* 출처: 2006 IPCC 국가 인벤토리 작성을 위한 가이드라인

** 위 표는 100% 소성을 가정한 $CO_2$의 배출비율을 나타낸다.


### Tier 4

연속측정방법(CEM)을 사용한다.

# PART 05

# 석유정제활동 온실가스 배출량·에너지 소비량 산정

[지침] 온실가스·에너지 목표관리 운영 등에 관한 지침
환경부 고시 제2012-103호, 2012년 06월 21일 개정본(R.1)
최초: 환경부 고시 제2011-29호, 2011년 3월 16일 제정(R.0)
[지침의 근거] 「저탄소 녹색성장 기본법」 제42조 및 같은 법 시행령 제26조

# 01

# 석유정제

## 제1절 석유정제활동(IPCC 카테고리: 1A1b)

### 1. 배출활동 개요

석유정제공정의 온실가스 배출은 원유 예열시설, 증류공정 등에 열을 공급하기 위한 고정연소배출과 수소제조공정, 촉매재생공정 및 코크스 제조공정 등 공정배출원, 그 밖에 공정 중에서의 배기(venting) 및 폐가스 연소처리(flaring) 등 탈루성 배출로 구분할 수 있다.

### 2. 보고 대상 배출시설

석유정제 공정배출의 보고대상 배출시설은 아래와 같으며, 세부내용은 별표 7의 배출 활동별 배출시설 개요를 참조한다.
① 수소제조시설
② 촉매재생시설
③ 코크스 제조시설

## 3. 보고 대상 온실가스

| 구분 | $CO_2$ | $CH_4$ | $N_2O$ |
|---|---|---|---|
| ① 수소제조공정 | Tier 1, 2, 3, 4 | – | – |
| ② 촉매재생공정 | Tier 1, 3, 4 | – | – |
| ③ 코크스 제조공정 | Tier 1 | – | – |

## 4. 배출량 산정 방법론

### ① 수소제조 공정

#### ① *Tier 1*

$$E_{i.CO_2} = FR_i \times EF_i$$

$E_{i.CO2}$: 수소제조 공정에서의 $CO_2$ 배출량$(tCO_2)$

$FR_i$: 경질나프타, 부탄, 부생연료 등 원료($i$) 투입량(ton 또는 천 $m^3$)

$EF_i$: 원료(i)별 $CO_2$ 배출계수

#### ② *Tier 2*

$$E_{CO_2} = Q_{H2} \times \frac{x\,mole\,CO_2}{(3x+1)\,mole\,H_2} \times \frac{44}{22.4}$$

$E_{CO2}$: $CO_2$ 배출량$(tCO_2)$

$Q_{H2}$: 수소생산량(천$-m^3$)

$\dfrac{x\,mole\,CO_2}{(3x+1)\,mole\,H_2}$ : 반응식 「$C_xH_{(2x+2)}$ + 2x・H2O → (3x+1)$H_2$ + x$CO_2$」에 따른 수소 1몰

생산량당 $CO_2$ 발생 몰 수

$$\text{—— } \langle\text{예시 – 원료조성에 따른 } CO_2 \text{ 발생비 산정}\rangle \text{ ——}$$

1ton의 원료 중 메탄이 85%, 에탄이 8%, 부탄이 3% 포함되어 있다고 가정할 경우, 아래 반응식에 따라 원료조성에 따른 $CO_2$ 발생비율을 산정한다.

㉠ 메탄($CH_4$): $CH_4 + 2H_2O = 4H_2 + 1CO_2$

㉡ 에탄($C_2H_6$): $C_2H_6 + 4H_2O = 7H_2 + 2CO_2$

㉢ 부탄($C_4H_{10}$): $C_4H_{10} + 8H_2O = 13H_2 + 4CO_2$

| 성분 | $CO_2$ 몰수 ㉠ | $H_2$ 몰수 ㉡ | 함유비 (Mole 비) ㉢ | Moles $CO_2$ (=㉠×㉢) | Moles $H_2$ (=㉡×㉢) |
|---|---|---|---|---|---|
| 메탄($CH_4$) | 1 | 4 | 0.85 | 0.85 | 3.40 |
| 에탄($C_2H_6$) | 2 | 7 | 0.08 | 0.16 | 0.56 |
| 부탄($C_4H_{10}$) | 4 | 13 | 0.03 | 0.12 | 0.39 |
|  |  |  | 1.13 |  | 4.35 |

⇨ $CO_2$와 $H_2$의 비율이 각각 1.13, 4.35이므로 원료조성에 따른 $CO_2$ 발생비는 0.26(=1.13/4.35)임.

③ *Tier 3A*

$$E_{i,CO_2} = FR_i \times CF_i \times \frac{44}{12}$$

$E_{i,CO_2}$: 수소제조 공정에서의 $CO_2$ 배출량($tCO_2$)

$FR_i$: 원료(*i*) 투입량(천$-m^3$)

$CF_i$: 투입원료(*i*)의 탄소함량비(ton$-$C/천 $m^3$), $CF_i = \sum_{j=1}^{n}( Wt_j \times WtC_j )$

$Wt_j$: 원료(*i*) 중 성분(*j*)의 무게비, $Wt_j = Mole_j \times \dfrac{MW_j}{MW_{mean}}$

$WtC_j$: 원료(*i*) 중 성분(*j*)의 탄소함량, $WtC_j = \dfrac{N_{jC} \times 12}{MW_j}$

$Mole_j$: 원료(*i*) 중 성분(*j*)의 함유비(몰 비)

$MW_j$: 원료(*i*) 중 성분(*j*)의 분자량

$MW_{mean}$: 투입 원료(*i*)의 평균 분자량

$N_{jC}$: 성분(*j*)의 탄소 수

---
<예시 - 원료조성에 따른 탄소함유비 및 평균분자량 산정>

$1m^3$의 원료 중 메탄이 85%, 에탄이 8%, 부탄이 3% 포함되어 있다면, 아래 반응식을 이용하여 총 탄소함유비 및 평균분자량을 산정할 수 있다.

㉠ 메탄($CH_4$): $CH_4 + 2H_2O = 4H_2 + 1CO_2$

㉡ 에탄($C_2H_6$): $C_2H_6 + 4H_2O = 7H_2 + 2CO_2$

㉢ 부탄($C_4H_{10}$): $C_4H_{10} + 8H_2O = 13H_2 + 4CO_2$

| 조성명칭 | 함유비 (*Mole* 비) | 분자량 (*MW*) | 무게비 (*Wt*) | 탄소함량 (*WtC*) | 탄소함량비 (*CF*) |
|---|---|---|---|---|---|
| 메탄($CH_4$) | 0.85 | 16 | 0.77 | 0.75 | 0.578 |
| 에탄($C_2H_6$) | 0.08 | 30 | 0.13 | 0.80 | 0.104 |
| 부탄($C_4H_{10}$) | 0.03 | 58 | 0.10 | 0.62 | 0.062 |
| | 1.00 | 17.74 (*MWmean*) | 1.00 | | 0.744 |

---

④ *Tier 3B*

수소제조공정에 의해 생산되는 산물(수소, $CO_2$ 등)의 조성분석을 통해 배출계수를 개발하여 배출량을 산정한다.

$$E_{i,co2} = FG_i \times EF_i \times EC_i \times f_i$$

$E_{i,CO2}$: 수소제조 공정에서의 $CO_2$ 배출량($tCO_2$)

$FG_i$: 수소제조 공정에 의해 생산된 산물(i)량(ton 또는 천－$m^3$)

$EF_i$: 공정산물(*i*)별 $CO_2$ 배출계수($tCO_2/TJ$)

$EC_i$: 공정산물(*i*)별 발열량 계수(TJ/ton 또는 TJ/천－$m^3$)

$f_i$: 산화계수

② 촉매재생공정

① *Tier 1*

점착된 Coke의 양을 파악할 수 없을 경우 Coke 제거를 위해 투입된 공기가 전량 연소해 $CO_2$가 발생된다고 가정하여 다음과 같이 산정한다.

$$E_{CO_2} = AR \times CF \times \frac{44}{22.4}$$

$E_{CO2}$: $CO_2$ 배출량(ton)

$AR$: 공기투입량(천 $m^3$)

$CF$: 투입공기 중 산소함량비($=0.21$)


② *Tier 3A*

점착된 Coke의 양을 파악할 수 있으며, Coke 중의 탄소가 모두 $CO_2$로 배출된다고 가정하여 산정한다.

$$E_{CO_2} = CC \times CF \times \frac{44}{12}$$

$E_{CO2}$: $CO_2$ 배출량(ton)

$CC$: Coke량(ton)

$CF$: Coke 중 탄소함량비(ton$-$C/ton$-$coke)


③ *Tier 3B*

촉매재생공정이 연속재생공정으로 운영되어 산소함량 변화 및 코크스 함량의 측정이 불가능한 경우는 배출시설의 규모와 상관없이 다음 방법론을 적용하여 배출량을 산정하도록 한다.

$$E'_{CO_2} = AR \times CF \times \frac{44}{22.4}$$

$E_{CO2}$ 배출량(ton)

AR: 공기투입량(천$-m^3$)

$CF$: 투입공기 중 CO, $CO_2$ 함량비

④ *Tier 4*

촉매재생시설 후단에 폐가스(Flue Gas) 조성을 실시간으로 분석·측정할 수 있는 측정기기를 활용하여 산정·보고할 수 있다.

③ 코크스 제조 공정

① *Tier 1*

버너에서 연소되는 Coke의 양을 파악할 수 있으며, Coke 중의 탄소가 모두 $CO_2$로 배출된다고 가정하여 배출량을 산정한다.

$$E_{CO_2} = CC \times CF \times \frac{44}{12}$$

$E_{CO2}$: $CO_2$ 배출량(ton)

$CC$: Coke량(ton)

$CF$: Coke 중 탄소함량비(ton−C/ton−coke)

## 5. 매개변수별 관리 기준

① 수소제조 공정

① 활동자료(*FR* 등)

*Tier 1*

측정불확도 ±7.5% 이내의 원료투입량(*FR*) 등을 사용한다.

*Tier 2*

측정불확도 ±5.0% 이내의 수소 발생량(*QH2*)(ton 또는 천m³) 자료를 사용한다.

## Tier 3

측정불확도 ±2.5% 이내의 원료투입량*(FR)* 자료를 사용한다.

## Tier 4

연속측정방식(CEM)을 사용한다.

② 배출계수

## Tier 1

기본 배출계수를 사용한다[이 경우 보수적으로 배출량을 산정하기 위하여 에탄($C_2H_6$) 기준 배출계수를 적용한다].

| 활동자료(원료투입량) 종류 | 에탄 기준 배출계수(tCO₂)/ t − feed |
| --- | --- |
| 무게(ton) 기준 | 2.9tCO₂ / t − 원료 |
| 부피(천m³ − 원료) 기준 | 3.93tCO₂ / 천m3 − 원료 |

## Tier 2

배출계수는 수소 생산 반응식 「$C_xH_{(2x+2)}$ + 2x · $H_2O$ → (3x+1)$H_2$ + x$CO_2$」에 따라 수소 1몰 생산 시 발생되는 $CO_2$ 양의 비율[x/(3x+1)]을 사용한다.

## Tier 3A

사업자가 제47조 규정에 아래 식에 따라 고유 배출계수를 개발하여 사용한다.

$CF_i$: 투입원료*(i)*의 탄소함량비(ton − C/천m³),  $CF_i = \sum_{j=1}^{n} ( Wt_j \times WtC_j )$

$Wt_j$: 원료*(i)* 중 성분*(j)*의 무게비,  $Wt_j = Mole_j \times \dfrac{MW_j}{MW_{mean}}$

$WtC_j$: 원료*(i)* 중 성분*(j)*의 탄소함량,  $WtC_j = \dfrac{N_{jC} \times 12}{MW_j}$

$Mole_j$: 원료*(i)* 중 성분*(j)*의 함유비(몰 비)

$MW_j$: 원료*(i)* 중 성분*(j)*의 분자량

$MW_{mean}$: 투입 원료*(i)*의 평균 분자량

$N_{jC}$: 성분*(j)*의 탄소 수

*Tier 3B*

사업자가 제47조 규정에 따라 공정산물별 발열량 계수, $CO_2$ 배출계수, 산화계수를 개발하여 사용한다.

*Tier 4*

연속측정방식(CEM)을 사용한다.

② 촉매재생공정

① 활동자료

*Tier 1*

측정불확도 ±7.5% 이내의 공기투입량(천－m³) 자료를 사용한다.

*Tier 3A*

측정불확도 ±2.5% 이내의 촉매에 붙어 있는 Coke량을 사용한다.

*Tier 3B*

측정불확도 ±2.5% 이내의 공기투입량(천－m³) 자료를 사용한다.

*Tier 4*

연속측정방식(CEM)을 사용한다.

② 배출계수

*Tier 1*

기본 배출계수(투입공기 중 산소함량비=0.21)를 사용한다.

*Tier 3A*

사업자가 제47조 규정에 따라 Coke 중 탄소함량비(CF)를 측정·개발하여 사용한다.

*Tier 3B*

사업자가 제47조 규정에 따라 투입공기 중 CO, $CO_2$ 함량비를 측정하여 사용한다.


*Tier 4*

연속측정방식(CEM)을 사용한다.


③ 코크스 제조 공정


① 활동자료

*Tier 1*

측정불확도 ±7.5% 이내의 Coke량 자료를 사용한다.


*Tier 2*

측정불확도 ±5.0% 이내의 Coke량 자료를 사용한다.


*Tier 3*

측정불확도 ±2.5% 이내의 Coke량 자료를 사용한다.


② 배출계수

*Tier 1*

별표 17에 따른 IPCC 가이드라인 기본 배출계수를 사용한다(별표 17에서의 석유코크스에 대한 $CO_2$ 배출계수와 별표 18의 기본발열량 값을 사용하여 탄소함량을 구하여 사용한다).


*Tier 2*

제46조 제2항에 따른 국가 고유 배출계수를 사용한다.

*Tier 3*

제47조에 따라 사업자가 개발한 석유코크스(Coke) 중 탄소함량비(*CF*) 자료를 사용한다.

# PART 06

# 화학산업 온실가스
# 배출량·에너지 소비량 산정

[지침] 온실가스·에너지 목표관리 운영 등에 관한 지침
환경부 고시 제2012-103호, 2012년 06월 21일 개정본(R.1)
최초: 환경부 고시 제2011-29호, 2011년 3월 16일 제정(R.0)
[지침의 근거] 「저탄소 녹색성장 기본법」 제42조 및 같은 법 시행령 제26조

# 01

# 화학산업

## 제1절 암모니아 생산(IPCC 카테고리: 2B1)

### 1. 배출활동 개요

암모니아 생산공정에서 수소 제조 공정과 변성공정에서 주로 $CO_2$가 발생함에 따라 암모니아를 생산하기 위하여 천연가스 또는 석유 대신에 수소를 사용하는 공장들은 암모니아 합성과정에서 $CO_2$를 배출하지 않는다. 천연가스 산출량이 적은 우리나라나 일본에서는 납사를 가장 많이 사용한다. 일부 공장들은 연료 또는 부분적 산화화정에서 수소 공급원으로써 석유계 연료를 사용하고 있다.

### 2. 보고 대상 배출시설

암모니아 생산 공정의 보고대상 배출시설은 아래아 같으며, 세부내용은 별표 7의 배출활동별 배출시설 개요를 참조한다.

① 암모니아 생산시설('화학비료 및 질소화합물 제조시설' 중 암모니아 생산시설을 말한다)

## 3. 보고 대상 온실가스

| 구분 | $CO_2$ | $CH_4$ | $N_2O$ |
| --- | --- | --- | --- |
| 산정방법론 | Tier 1, 2, 3, 4 | − | − |

## 4. 배출량 산정 방법론

### ① Tier 1~3

$$E_{CO_2} = \sum_i (\sum_j (AP_{ij} \times FR_{ij}) \times CCF_i \times COF_i \times \frac{44}{12}) - R_{CO_2}$$

$E_{CO_2}$: 암모니아 생산량당 $CO_2$의 배출량$(ton-CO_2/ton-$암모니아$)$

$AP_{ij}$: 공정$(j)$에서 연료$(i)(CH_4$ 및 나프타 등$)$ 사용에 따른 암모니아 생산량$(ton)$

$FR_{ij}$: 공정$(j)$에서 암모니아 생산량당 연료$(i)$ 사용량$(TJ/t-NH_3)$

$CCF_i$: 연료$(i)$의 탄소함량계수$(ton\ C/TJ)$

$COF_i$: 연료$(i)$의 탄소산화계수$(\%)$

$R_{CO_2}$: 요소 등 부차적 제품생산에 의한 $CO_2$ 회수·포집·저장량$(ton)$

## 5. 매개변수별 관리 기준

### ① 활동자료

**Tier 1**

측정불확도 ±7.5% 이내의 암모니아 생산량($APij$) 등의 활동자료를 사용한다.
암모니아 생산량당 연료생산량($FRij$)은 다음 식에 따라 산정하여 사용한다.

$$FR_{ij} = EC_{ij} \times \frac{연료사용량}{NH_3생산량}$$

$EC_{ij}$: 별표 18에 따른 IPCC 가이드라인 기본 발열량을 사용한다.

***연료사용량/NH3생산량***: 아래 <표−14>의 기본계수를 사용한다.

〈표−14〉 암모니아 생산량당 필요한 연료량 기본계수

| 생산공정($j$) 구분 | $NH_3$ 생산량당 연료사용량 (GJ/t − $NH_3$) | $CO_2$ 배출계수 (t − $CO_2$/t − $NH_3$) |
|---|---|---|
| 전통적 개질공정(천연가스) | 30.2 | 1.694 |
| 과잉 개질공정(천연가스) | 29.7 | 1.666 |
| 자열 개질공정(천연가스) | 30.2 | 1.694 |
| 부분산화 | 36 | 2.772 |

* 순발열량(Net Calorific Value) 기준

### Tier 2

측정불확도 ±5.0% 이내의 암모니아 생산량($AP_{ij}$) 자료를 사용한다. 암모니아 생산량당 연료사용량($FR_{ij}$) 자료는 다음 식에 따라 자체 측정값을 사용한다.

$$FR_{ij} = EC_{ij} \times \frac{\text{연료사용량}}{NH_3\text{생산량}}$$

$EC_{ij}$: 별표 19에 따른 연료별 국가 고유 발열량을 사용한다.

### Tier 3

측정불확도 ±2.5% 이내의 암모니아 생산량($AP_{ij}$) 자료를 사용한다. 암모니아 생산량당 연료사용량($FR_{ij}$) 자료는 다음 식에 따라 자체 측정값을 사용한다.

$$FR_{ij} = EC_{ij} \times \frac{\text{연료사용량}}{NH_3\text{생산량}}$$

$EC_{ij}$: 제47조에 따라 사업자가 자체 개발하거나 연료공급자가 분석하여 제공한 연료별 고유 발열량을 사용한다.

### Tier 4

연속측정방법(CEMS)을 사용한다.

② 배출계수[탄소함유계수(CCF$_i$), 탄소산화계수(COF$_i$)]

### Tier 1

아래 <표-15>에 따른 생산공정별 기본 탄소함량계수(*CCFi*) 및 산화계수(*COFi*)를 사용한다. 필요 시 연료공급자로부터 탄소함량계수 및 산화계수와 관련된 자료를 제공받아 활용할 수 있다.

<표-15> 암모니아 생산량당 필요한 연료량 기본계수

| 생산공정 | 탄소함량계수 (*CCF*)(kg/GJ) | 탄소산화계수 (*COF*)(%) |
|---|---|---|
| 전통적 개질공정(천연가스) | 15.3 | 1.0 |
| 과잉 개질공정(천연가스) | 15.3 | 1.0 |
| 자열 개질공정(천연가스) | 15.3 | 1.0 |
| 부분산화 | 21.0 | 1.0 |

* 순발열량(Net Calorific Value) 기준

### Tier 2

제46조 제2항에 따른 국가 고유 연료별 탄소함량계수를 사용한다. 산화계수는 1.0을 적용한다.

### Tier 3

제47조에 따라 사업자가 자체 개발하거나 연료공급자가 분석하여 제공한 연료별 고유 배출계수를 사용한다.

### Tier 4

연속측정방법(CEMS)을 사용한다.

③ 회수량(*R$_{CO2}$*)

### Tier 1~4

요소 생산 등 부차적인 제품생산에 따른 $CO_2$ 회수량(*R$_{CO2}$*, **측정값**)을 사용한다. 요소 생산 관련 자료가 없을 경우 회수량(*R$_{CO2}$*)은 0을 적용한다.

# 제2절 질산 생산(IPCC 카테고리: 2B2)

## 1. 배출활동 개요

암모니아 공정에서 형성되는 $N_2O$의 양은 연소 조건, 촉매 구성물과 사용 기간, 연소기의 디자인에 달려 있기 때문에, 연료의 투입과 $N_2O$ 형성의 정확한 관계 도출에 어려움이 따른다. 또한 $N_2O$의 배출은 생산 공정에서 재생된 양과 그 후의 완화 공정에서 분해된 양에 따라 차이가 있다.

$N_2O$는 다음의 저감 대책으로 구분된다.
○ 1차 저감 대책은 암모니아 연소기에서 형성되는 $N_2O$ 저감을 목적으로, 이는 암모니아의 산화 공정과 산화 촉매 변형을 포함
○ 2차 저감 대책은 암모니아 전환기와 흡수 칼럼 사이에 존재하는 $NO_X$ 가스로부터 $N_2O$를 제거
○ 3차 저감 대책은 $N_2O$를 분해시키는 흡수 칼럼에서 배출되는 배출 가스(tail$-$gas)의 처리를 포함
○ 4차 저감 대책은 순수 배출구 방법(pure end$-$of$-$pipe solution)으로, 배출 가스는 굴뚝으로 나가는 팽창기의 하단에서 처리

일반적으로, 산화공정은 전체적인 환원조건이 $N_2O$의 잠재적 배출원으로 고려되는 상황 하에서 발생되며, 질산 생산 시 매개가 되는 NO는 $NH_3$를 30~50℃의 온도와 높은 압력하에서 $N_2O$와 $NO_2$로 분해하게 된다.

| 단위 공정 | 대상 시설 | 배출특성 |
|---|---|---|
| 산화공정 | 제1산화공정 | $NH_3$의 촉매연소 과정에서 $N_2O$의 발생 |

## 2. 보고 대상 배출시설

질산 제조 공정의 보고대상 배출시설은 아래와 같으며, 세부내용은 별표 7의 배출활동

별 배출시설 개요를 참조한다.

① 질산 제조 시설('기초 무기화합물 제조시설' 중 질산제조시설을 말한다)

## 3. 보고 대상 온실가스

| 구분 | $CO_2$ | $CH_4$ | $N_2O$ |
| --- | --- | --- | --- |
| 산정방법론 | – | – | Tier 1, 2, 3 |

## 4. 배출량 산정 방법론

① *Tier 1~3*

$$E_{N_2O} = \sum_{k,h}[EF_{N2O} \times NAP_k \times (1 - DF_h \times ASUF_h)] \times F_{eq.j} \times 10^{-3}$$

$E_{N_2O}$: $N_2O$ 배출량($CO_2-e$ ton)

$EF_{N2O}$: 질산 1ton 생산당 $N_2O$ 배출량(kg$-N_2O$/ton$-$질산생산량)

$NAP_k$: 생산기술(*k*)별 질산생산량(ton$-$질산)

$DF_h$: 감축기술(*h*)별 감축계수(%)

$ASUF_h$: 감축기술(*h*)별 감축 시스템 활용계수(%)

$F_{eq.j}$: 온실가스 (*j*)의 $CO_2$ 등가계수($N_2O$=310)

## 5. 매개변수별 관리 기준

① 활동자료(*NAP*)

**Tier 1**

측정불확도 ±7.5% 이내의 질산 생산량 자료를 사용한다.

*Tier 2*

측정불확도 ±5.0% 이내의 질산 생산량 자료를 사용한다.


*Tier 3*

측정불확도 ±2.5% 이내의 질산 생산량 자료를 사용한다.


② 배출계수($EF_{N2O}$), 분해계수($DF_h$), 이용계수($AUSF_h$)

*Tier 1*

배출계수($EF_{N2O}$)는 다음 <표-16>에 제시하는 기본 배출계수를 사용하되 저감시설이
별도로 없는 경우에는 가장 높은 배출계수를 사용한다.

감축기술별 분해계수($DF_h$) 및 저감시스템 이용계수($AUSF_h$)는 활용 가능한 값이 있으면
적용하되 값이 없으면 각각 "0"을 적용한다.


〈표-16〉 질산생산기술($k$)별 기본배출계수

| 생산공정($k$) 구분 | $N_2O$ 배출계수 (100% Pure acid) |
|---|---|
| NSCR(비선택적 촉매환원법)을 사용하는 공장(모든 공정) | 2kg$N_2O$/질산 ton |
| 통합공정이나 배출가스 $N_2O$ 분해를 사용하는 공장 | 2.5kg$N_2O$/질산 ton |
| 대기압 공장(낮은 압력) | 5kg$N_2O$/질산 ton |
| 중간 압력 연소 공장 | 7kg$N_2O$/질산 ton |
| 고압력 공장 | 9kg$N_2O$/질산 ton |


*Tier 2*

제46조 제2항에 따른 국가 고유 배출계수($EF_{N2O}$)를 활용한다.

감축기술별 분해계수($DF_h$) 및 저감시스템 이용계수($AUSF_h$)는 활용 가능한 값이 있으면
적용하되 값이 없으면 각각 "0"을 적용한다.


*Tier 3*

제47조에 따라 사업자가 자체 개발한 질산생산량당 $N_2O$ 배출계수($EF_{N2O}$)를 사용한다.

감축기술별 분해계수($DF_h$) 및 저감시스템 이용계수($AUSF_h$)는 활용 가능한 값이 있으면
적용하되 값이 없으면 각각 "0"을 적용한다.

## 제3절 아디프산 생산(IPCC 카테고리: 2B3)

### 1. 배출활동 개요

아디프산 공정 중 온실가스($N_2O$)가 발생하는 시설은 산화반응이 일어나는 반응공정이다. 일반적으로 KA Oil 혼합과정에서 공정 중 질소가 고농도로 존재함에 따라 아산화질소($N_2O$)가 발생하게 되는 가능성이 높다. 또한 후단의 가열로 공정에서는 공정 중 발생하는 $N_2O$를 LNG 가열로에서 약 99% 이상을 분해하고 있으며 이 과정에서 $CO_2$가 발생한다(연료 연소). 일부 사업장에서는 KA 혼합공정으로 아디프산 1kg을 생산하는데 0.27kg의 $N_2O$가 배출되며 $N_2O$의 저감을 위해 가열시설을 운용하고 있다.

### 2. 보고 대상 배출시설

아디프산 생산 공정의 보고대상 배출시설은 아래와 같으며, 세부내용은 별표 7의 배출활동별 배출시설 개요를 참조한다.
① 아디프산 생산시설

### 3. 보고 대상 온실가스

| 구분 | $CO_2$ | $CH_4$ | $N_2O$ |
|---|---|---|---|
| 산정방법론 | – | – | Tier 1, 2, 3 |

### 4. 배출량 산정 방법론

① *Tier 1~3*

$$E_{N_2O} = \sum_{k,h}[EF_k \times AAP_k \times (1 - DF_h \times ASUF_h)] \times F_{eq.j} \times 10^{-3}$$

$E_{N_2O}$: $N_2O$ 배출량($CO_2-e$ ton)

$EF_k$: 기술유형($k$)에 따른 아디프산의 $N_2O$ 배출계수(kg−$N_2O$/ t−아디프산)

$AAP_k$: 기술유형($k$)에 따른 아디프산 생산량(ton)

$DF_h$: 저감기술($h$)별 분해계수(%)

$AUSF_h$: 저감기술($h$)별 저감시스템 이용계수(%)

$F_{eq,j}$: 온실가스($j$)의 $CO_2$ 등가계수($N_2O$=310)


## 5. 매개변수별 관리 기준

### ① 활동자료

*Tier 1*

측정불확도 ±7.5% 이내의 아디프산 생산량($AAP_k$) 자료를 사용한다.


*Tier 2*

측정불확도 ±5.0% 이내의 아디프산 생산량($AAP_k$) 자료를 사용한다.


*Tier 3*

측정불확도 ±2.5% 이내의 아디프산 생산량($AAP_k$) 자료를 사용한다.


### ② 배출계수

*Tier 1*

아래 <표−17>의 IPCC 가이드라인 기본 아디프산 생산량당 $N_2O$ 배출계수($EF_k$)를 사용한다.

<표−17> 아디프산 생산에 따른 IPCC 기본 배출계수

| 생산공정($k$) 구분 | $N_2O$ 배출계수(kg$N_2O$/t−아디프산) |
| --- | --- |
| 질산 산화 공정 | 300kg(저감기술 미적용 시) |

* 출처: 2006 IPCC 국가 인벤토리 작성을 위한 가이드라인

다음 <표−18>의 저감기술별 $N_2O$ 기본 분해계수($DF_h$) 및 기본 이용계수($AUSF_h$)를 적용한다.

〈표-18〉 저감기술별 IPCC 기본 분해계수 및 이용계수

| 저감 기술($h$) 유형 | 분해 계수($DF_h$) | 이용 계수($AUSF_h$) |
|---|---|---|
| 촉매 분해 | 92.5% | 89% |
| 열분해 | 98.5% | 97% |
| 질산으로의 재활용 | 98.5% | 94% |
| 아디프산 원료로의 재활용 | 94.0% | 89% |

* 출처: 2006 IPCC 국가 인벤토리 작성을 위한 가이드라인

### *Tier 2*

제46조 제2항에 따른 국가 고유 $N_2O$ 배출계수를 사용한다.

감축기술별 분해계수($DF_h$) 및 저감시스템 이용계수($AUSF_h$)는 활용 가능한 값이 있으면 적용하되 값이 없으면 각각 "0"을 적용한다.

### *Tier 3*

제47조에 따라 사업자가 개발한 고유 $N_2O$ 배출계수를 사용한다.

감축기술별 분해계수($DF_h$) 및 저감시스템 이용계수($AUSF_h$)는 활용 가능한 값이 있으면 적용하되 값이 없으면 각각 "0"을 적용한다.

## 제4절 카바이트 생산(IPCC 카테고리: 2B5)

### 1. 배출활동 개요

카바이드 생산 공정의 온실가스 배출은 탄화규소($SiC$) 및 탄화칼슘($CaC_2$) 생산과 관련하여 앞의 두 가지 반응식에서 $CO_2$, $CH_4$, $CO$, $SO_2$의 배출이 발생한다. 생산공정에서 탄소함유원료를 사용하는 것은 $CO_2$와 $CO$의 배출을 발생시키고 수소함유휘발성 화합물과 석유 코크스에 있는 황은 대기 중에 $CH_4$와 $SO_2$의 배출을 발생시킨다.

### 2. 보고 대상 배출시설

카바이드 생산 공정의 보고대상 배출시설은 다음과 같으며, 세부내용은 별표 7의 배출

활동별 배출시설 개요를 참조한다.

① 칼슘카바이드 제조 시설

② 실리콘카바이드 제조 시설


## 3. 보고 대상 온실가스

| 구분 | $CO_2$ | $CH_4$ | $N_2O$ |
|---|---|---|---|
| 산정방법론 | Tier 1, 2, 3, 4 | Tier 1, 2 | − |


## 4. 배출량 산정 방법론

① *Tier 1*

$$E_{i,j} = AD_i \times EF_{i,j} \times F_{eq,j}$$

$E_{i,j}$: 카바이드 생산에 따른 온실가스($j$) 배출량($CO_2-e$ ton)

$AD_i$: 활동자료($i$) 사용량(ton)(사용된 원료, 카바이드 생산량)

$EF_{ij}$: 활동자료($i$)에 따른 온실가스(j) 배출계수(tGHG/t−카바이드, tGHG/t−사용된 원료)

$F_{eq,j}$: 온실가스($CO_2$, $CH_4$)의 $CO_2$ 등가계수($CO_2$=1, $CH_4$=21)


<주의할 점>
탄화칼슘(칼슘카바이드) 생산 시, 탄산칼슘($CaCO_3$)을 원료로 사용할 경우, 탄산칼슘을 산화칼슘($CaO$)으로 바꾸는 소성과정이 추가되므로, 이에 대한 배출량 산정은 <별표. 14 석회 생산>을 참고하여 위 식에 의한 배출량에 추가토록 하고, 산화칼슘($CaO$)을 원료로 직접 사용하는 경우에는, 위 식에 의한 배출량만 산정토록 한다.


## 5. 매개변수별 관리 기준

① 활동 자료

*Tier 1*

측정불확도 ±7.5% 이내의 활동자료(사용된 원료, 카바이드 생산량)를 사용한다.

*Tier 2*

측정불확도 ±5.0% 이내의 활동자료(사용된 원료, 카바이드 생산량)를 사용한다.


*Tier 3*

측정불확도 ±2.5% 이내의 활동자료(사용된 원료, 카바이드 생산량)를 사용한다.


*Tier 4*

연속측정방식(CEM)을 사용한다.


② 배출계수

*Tier 1*

아래 <표-19>, <표-20>의 IPCC 가이드라인 기본 배출계수를 사용한다.


〈표-19〉 탄화칼슘(칼슘카바이드) 생산 시 활동자료(i)별 기본 배출계수

| 공정 구분 \ 활동자료(i) 종류 | | 카바이드<br>생산량(ton) 기준 | 원료(산화칼슘)<br>소비량(ton) 기준 |
|---|---|---|---|
| 탄화칼슘($CaC_2$) 생산부문 | $CO_2$ | 1.09 $tCO_2$/ton | 1.70 $tCO_2$/ton |
| | $CH_4$ | – | – |

* 출처: 2006 IPCC 국가 인벤토리 작성을 위한 가이드라인


〈표-20〉 탄화규소(실리콘카바이드) 생산 시 활동자료(i)별 기본 배출계수

| 공정 구분 \ 활동자료(i) 종류 | | 카바이드<br>생산량(ton) 기준 | 원료(산화규소)<br>소비량(ton) 기준 |
|---|---|---|---|
| 탄화규소(SiC) 생산부문 | $CO_2$ | 2.62 $tCO_2$/ton | 2.30 $tCO_2$/ton |
| | $CH_4$ | 11.6 $kgCH_4$/ton | 10.2 $kgCH_4$/ton |

* 출처: 2006 IPCC 국가 인벤토리 작성을 위한 가이드라인


*Tier 2*

제46조 제2항에 따른 국가 고유 배출계수를 사용한다[공정별, 활동자료(i)별, 온실가스($CO_2$, $CH_4$)에 대한 고유 배출계수를 말한다].

### Tier 3

제47조에 따라 아래 식을 이용하여 사업자가 자체 개발한 고유 배출계수를 사용한다 (석유코크스 사용에 따른 $CO_2$ 배출량 산정에 유효하다).

$$EF_{SiC} = 0.65 \times CCF_{SiC} \times COF_{SiC} \times \frac{44}{12}$$

$EF_{SiC}$: 탄화규소(SiC) 생산 시 석유코크스의 배출계수($tCO_2/t$)

$CCF_{SiC}$: 석유코크스의 탄소함량계수(kgC/GJ)

$COF_{SiC}$: 석유코크스의 산화계수(%)

$$EF_{CaC2} = 0.33 \times CCF_{CaC2} \times COF_{CaC2} \times \frac{44}{12}$$

$EF_{CaC2}$: 탄화칼슘($CaC_2$) 생산 시 석유코크스의 배출계수($tCO_2/t$)

$CCF_{CaC2}$: 석유코크스의 탄소함량계수(kgC/GJ)

$COF_{CaC2}$: 석유코크스의 산화계수(%)

### Tier 4

연속측정방식(CEM)을 사용한다.

## 제5절 소다회 생산(IPCC 카테고리: 2B7)

### 1. 배출활동 개요

① 천연 소다회 생산

세계적인 생산량의 약 25%가 천연공정으로 언급되는 천연 나트륨 탄산염베어링(bearing) 퇴적물을 통해 생산된다. 이 생산 공정 중에, 트로나(Trona: 천연 소다회를 만들어 내는 중요한 광석)는 로터리 킬른 속에서 소성되고, 화학적으로 천연 소다회로 변형된다. 이산화탄소와 물은 이 공정의 부산물로 생성된다. 이산화탄소 배출량은 다음 화학 반응에 기초한다.

$$2Na_2CO_3 \cdot NaHCO_3 \cdot 2H_2O(Trona) \rightarrow 3Na_2CO_3(SodaAsh) + 5H_2O + CO_2$$

② 솔베이법 합성공정

세계적인 소다회 생산의 약 75%가 염화나트륨을 통해 만들어진 합성 회(ash)이다. 솔베이법에서, 염화나트륨 수용액, 석회석, 야금 코크스, 암모니아는 소다회의 생산을 유도하는 일련의 반응에 사용되는 원료이다. 그러나 암모니아는 재생되고, 아주 작은 양만 손실된다. 솔베이법과 관련된 일련의 반응들은 다음과 같이 설명된다.

$$CaCO_3 + heat \rightarrow CaO + CO_2$$
$$CaO + H_2O \rightarrow Ca(OH)_2$$
$$2NaCl + 2H_2O + 2NH_3 + 2CO_2 \rightarrow 2NaHCO_3 + 2NH_4Cl$$
$$2NaHCO_3 + heat \rightarrow Na_2CO_3 + CO_2 + H_2O$$
$$Ca(OH)_2 + 2NH_4Cl \rightarrow CaCl_2 + 2NH_3 + 2H_2O$$

위의 전체적 반응은 다음과 같이 요약될 수 있다

$$CaCO_3 + 2NaCl \rightarrow Na_2CO_3 + CaCl_2$$

## 2. 보고 대상 배출시설

소다회 생산 공정의 보고대상 배출시설은 아래와 같으며, 세부내용은 별표 7의 배출활동별 배출시설 개요를 참조한다.
① 암모니아 소다회 제조시설(Solvay공정)
② 천연소다회 생산공정

## 3. 보고 대상 온실가스

| 구분 | $CO_2$ | $CH_4$ | $N_2O$ |
|---|---|---|---|
| 산정방법론 | Tier 1, 2, 3, 4 | – | – |

## 4. 배출량 산정 방법론

### ① Tier 1

$$E_{CO_2} = AD \times EF$$

$E_{CO_2}$: 소다회 생산 공정에서의 $CO_2$ 배출량(ton)

$AD$: 사용된 트로나(Trona) 광석의 양 또는 생산된 소다회 양(ton)

$EF$: 배출계수($tCO_2/t-$Trona 투입량, $tCO_2/t-$소다회 생산량)

## 5. 매개변수별 관리 기준

### ① 활동자료

**Tier 1**

측정불확도 ±7.5% 이내의 트로나(Trona) 광석 사용량 또는 소다회 생산량의 활동자료를 사용한다.

**Tier 2**

측정불확도 ±5.0% 이내의 트로나(Trona) 광석 사용량 또는 소다회 생산량의 활동자료를 사용한다.

**Tier 3**

측정불확도 ±2.5% 이내의 트로나(Trona) 광석 사용량 또는 소다회 생산량의 활동자료를 사용한다.

*Tier 4*

연속측정방식(CEM)을 사용한다.


② 배출계수

*Tier 1*

IPCC 가이드라인의 기본 배출계수를 사용한다.


| 활동자료($i$) 구분 | CO$_2$ 배출계수 |
|---|---|
| 트로나 광석 사용량 | 0.097 tCO$_2$/t－Trona |
| 소다회 생산량 | 0.138 tCO$_2$/t－소다회생산량 |

* 출처: 2006 IPCC 국가 인벤토리 작성을 위한 가이드라인


*Tier 2*

제46조 제2항에 따른 국가 고유 배출계수를 사용한다.


*Tier 3*

제47조에 따라 사업자가 자체 개발한 고유 배출계수를 사용한다.


*Tier 4*

연속측정방식(CEM)을 사용한다.


# 제6절 석유화학제품 생산(IPCC 카테고리: 2B8)


## 1. 배출활동 개요


석유화학산업은 천연가스 등의 화석연료나 나프타 등의 석유정제품 등을 원료로 하여 출발하는데 국내의 경우 주로 나프타를 분해 설비(Naphtha Cracking Center; NCC)에 투입하여 에틸렌, 프로필렌 등 기초 유분을 생산하고 이 과정에서 온실가스가 배출된다.

## 2. 보고 대상 배출시설

석유화학제품 생산공정의 공정배출 보고대상 배출시설은 아래와 같으며, 세부내용은 별표 7의 배출활동별 배출시설 개요를 참조한다.

① 메탄올 반응시설

② EDC/VCM 반응시설

③ 에틸렌옥사이드(EO) 반응시설

④ 아크릴로니트릴(AN) 반응시설

⑤ 카본블랙(CB) 반응시설

## 3. 보고 대상 온실가스

| 구분 | $CO_2$ | $CH_4$ | $N_2O$ |
|---|---|---|---|
| 산정방법론 | Tier 1, 2, 3, 4 | Tier 1 | − |

## 4. 배출량 산정 방법론

① *Tier 1*

**Tier 1** 산정방법은 각 석유화학물질의 생산량을 활동자료로 하고 기본 배출계수를 활용하여 산정하는 방법이다.

$$E_{i,j} = PP_i \times EF_{i,j} \times F_{eq,J}$$

$E_{ij}$: 석유화학제품($i$)의 생산에 따른 온실가스($j$) 배출량($CO_2-e$ ton) (j = $CO_2$, $CH_4$)

$EF_{ij}$: 석유화학제품($i$)의 온실가스($j$) 배출계수(tGHG/t − 제품)

$PP_i$: 연간 석유화학제품($i$)의 생산량(ton)

$F_{eq,j}$: 온실가스($CO_2$, $CH_4$)의 $CO_2$ 등가계수($CO_2$=1, $CH_4$=21)

$$PP_i = FA_i \times SPP_i$$

$FA_i$: 석유화학제품($i$) 생산을 위해 소비된 원료량(ton)

$SPP_i$: 석유화학제품($i$) 생산계수(t - 제품/t - 원료)


### ② Tier 2~3

Tier 2와 3 산정방법은 원료 및 공정수준에서 탄소물질수지에 기초한 산정방법으로 각 원료소비량, 일차, 이차 생산제품의 생산량 등을 활동자료로 하고 고유 배출계수(Tier 2의 경우 국가 고유 배출계수, Tier 3의 경우 사업장 고유 배출계수)를 적용하는 방법이다.

$$E_{iCO2} = [\sum_k (FA_{i,k} \times FC_k) - PP_i \times PC_i + \sum_j (SP_{ij} \times SC_{ij})] \times \frac{44}{12}$$

$i$: 1차 석유화학생산제품(반응공정의 주생산물을 의미한다)

$j$: 2차 석유화학생산제품(반응공정의 부생산물을 의미한다)

$k$: 원료(해당 반응공정으로 투입되는 에틸렌, 프로필렌, 부타디엔, 합성가스, 천연가스
등 원료를 모두 포함한다)

$E_{iCO2}$: 석유화학제품($i$) 생산으로부터의 $CO_2$ 배출량(t$CO_2$)

$FA_{i,k}$: 석유화학제품($i$) 생산에서 사용된 원료($k$) 소비량(ton)

$FC_k$: 원료($k$)의 탄소함량(tC/t - 원료)

$PP_i$: 1차 석유화학제품($i$) 생산량(ton)

$PC_i$: 1차 석유화학제품($i$)의 탄소함량[tC/t - 제품($i$)]

$SC_j$: 2차 석유화학제품($j$)의 탄소함량[tC/t - 제품($j$)]

$SP_{i,j}$: 1차 석유화학제품($i$)의 생산공정에서 생산된 2차 석유화학제품($j$)의 생산량(ton/yr)


1차 석유화학제품 생산공정에서 부 반응으로 생산된 2차 석유화학제품의 생산량($SP_{i,j}$)은 아래 식에 따라 산정한다. 다만, 해당 공정에서 2차 제품의 생산량이 없는 경우 $SP_{i,j}$는 "0"을 적용한다.

$$SP_{ij} = \sum_k (FA_k \times SPP_{jk})$$

$SP_{ij}$: 아크릴로니트릴(i) 등 공정에서 생산된 이차 생산제품(*j*)의 생산량(ton)

$FA_k$: 아크릴로니트릴(*i*) 등 1차 제품 생산을 위한 원료(*k*)의 연간 소비량(ton)

$SSP_{j,k}$: 원료(*k*)에 대한 2차 제품생산물(*j*)의 생산계수(ton j/ton k)


③ *Tier 4*

연속측정방식(CEMS)을 사용한다.


## 5. 매개변수별 관리 기준

① 활동자료

### *Tier 1*

측정불확도 ±7.5% 이내의 석유화학제품 생산량 및 석유화학제품(i)의 생산계수(*SPPi*) 등의 활동자료를 사용한다.


### *Tier 2*

측정불확도 ±5.0% 이내의 공정별 원료사용량, 일차 및 이차 석유화학제품 생산량. 원료(*k*)에 대한 이차제품의 생산계수($SPP_{ik}$) 등의 활동자료를 사용한다.


### *Tier 3*

측정불확도 ±2.5% 이내의 공정별 원료사용량, 일차 및 이차 석유화학제품 생산량, 원료(k)에 대한 이차제품의 생산계수($SPP_{ik}$) 등의 활동자료를 사용한다.


### *Tier 4*

연속측정방법(CEM)을 사용한다.


② 배출계수

### *Tier 1*

IPCC 가이드라인의 기본 배출계수를 사용한다.

| 석유화학제품($i$) | $CO_2$ 배출계수($EF_{ij}$) [tCO₂/t − 제품($i$)] | $CH_4$ 배출계수($EF_{ij}$) [kgCH₄/t − 제품($i$)] |
|---|---|---|
| 메탄올 | 0.67 | 2.3 |
| EDC | 0.196[1] | − |
| VCM | 0.294[2] | − |
| EDC/VCM 통합공정 | − | 0.0226 |
| 에틸렌옥사이드(EO) | 0.863 | 1.79 |
| 아크릴로니트릴(AN) | 1.00 | 0.18 |
| 카본블랙 | 2.62 | 0.06 |

* 출처: 2006 IPCC 국가 인벤토리 작성을 위한 가이드라인

1) EDC의 배출계수에는 연소배출량이 포함되어 있으며, 해당 제품 생산에 따른 연소배출량을 별도로 산정하여 연소배출에 포함시켜 보고하는 경우, 공정배출량 산정에는 1톤당 0.0057tCO₂ 적용

2) VCM의 배출계수에는 연소배출량이 포함되어 있으며, 해당 제품 생산에 따른 연소배출량을 별도로 산정하여 연소배출에 포함시켜 보고하는 경우, 공정배출량 산정에는 1톤당 0.0086tCO₂ 적용

3) 위의 배출계수를 적용할 때에는 본 배출계수를 산정하는 IPCC가 제시하는 물질 및 에너지 수지에 일치하여야 한다.


### Tier 2

제46조 제2항에 따른 국가 고유 배출계수를 사용한다.

다만 해당되는 국가 고유 배출계수가 고시되지 않았을 경우에는 아래 표에 제시된 석유화학원료($k$) 및 생산물($i, j$)의 탄소함량 값을 사용한다.

| 제 품 | 탄소함량($PG_i$ 또는 $SC_i$) [tC/t − 원료(k) 또는 생산제품(i,j)] |
|---|---|
| 아세토니트릴 | 0.5852 |
| 아크릴로니트릴 | 0.6664 |
| 부타디엔 | 0.888 |
| 카본 블랙 | 0.970 |
| 카본 블랙 원료 | 0.900 |
| 에탄 | 0.856 |

| 에틸렌다이클로라이드 | 0.245 |
| 에틸렌글리콜 | 0.387 |
| 에틸렌옥사이드 | 0.545 |
| 시안화수소 | 0.4444 |
| 메탄올 | 0.375 |
| 메탄 | 0.749 |
| 프로판 | 0.817 |
| 프로필렌 | 0.8563 |
| 염화비닐 모노머 | 0.384 |

* 출처: 2006 IPCC 국가 인벤토리 작성을 위한 가이드라인

### *Tier 3*

제47조에 따라 사업자가 각각의 석유화학원료($k$) 및 생산물($i, j$) 등에 대하여 탄소함량 값을 분석하여 사용한다.

### *Tier 4*

연속측정방법(CEM)을 사용한다.

# 제7절 불소화합물 생산(IPCC 카테고리: 2B9)

## 1. 배출활동 개요

온실가스로 규정된 불소화합물들(HFCs, PFCs, $SF_6$)은 생산과정에서 일부 부산물로 생산되어 대기 중으로 배출된다. 주요 온실가스 배출원은 불소화합물을 생성시키는 반응시설이고, HCFC-22 생산 공정 중 극소량의 HFC-23이 반응시설에서 부수적으로 생성되어 배출되며, 기타 불소화합물 생산에서는 CFC-11 및 CFC-12 생산공정, PFCs 물질의 할로겐 전환 공정, $NF_3$ 제조 공정, 불소비료나 마취제용 불소화합물 생산 공정들에서 불소화합물이 배출된다. 온실가스로 규정된 불소화합물들(HFCs, PFCs, $SF_6$)은 생산과정에서 일부 부산물로 생산되어 대기 중으로 배출된다.

## 2. 보고 대상 배출시설

불소화합물 생산 공정의 보고대상 배출시설은 아래와 같으며, 세부내용은 별표 7의 배출활동별 배출시설 개요를 참조한다.

① HCFC-22 생산시설
② 기타 불소화합물 생산시설
    ㉠ CFC-11 생산시설
    ㉡ CFC-12 생산시설
    ㉢ PFCs 물질의 할로겐 전환시설
    ㉣ 불소비료 및 마취제용 화합물 생산시설
    ㉤ $SF_6$ 생산시설

## 3. 보고 대상 온실가스

| 구 분 | 불소화합물(FCs) |
|---|---|
| 산정방법론 | Tier 1, 2, 3 |

## 4. 배출량 산정 방법론

① *Tier 1*

**Tier 1** 산정방법은 HCFC-22 또는 기타 불소화합물의 생산량과 기본배출계수를 이용하여 산정하는 방법이다. 여기에서 발생된 HFC-23은 전량 대기로 배출되는 것으로 가정하기 때문에 불확도가 상당히 높다고 한다.

$$E_{HFC-23} = EF_{\mathrm{default}} \times P_{HCFC-22} \times F_{eq.j} \times 10^{-3}$$

$E_{HFC}-23$: HFC-23배출량($CO_2-e$ ton)

$EF_{default}$: HFC-23 기본 배출계수(kg HFC-23 배출량/kg HCFC- 생산량)

$P_{HCFC-22}$: 전체 HCFC-22 생산량(kg)

$F_{eq,j}$: 온실가스(j)의 $CO_2$ 등가계수(HFC$-$23$=$11,700)


## ② Tier 2

Tier 2 산정방법은 HCFC$-$22의 생산량과 공정효율을 이용하여 계산된 HFC$-$23의 배출계수를 통해 배출량을 산정하는 방법이다. 배출계수는 탄소의 효율과 불소의 효율을 이용하여 산출하는데 일반적으로는 두 계수의 평균값을 사용하거나 불확도가 낮은 한 가지를 선택하여 산출한다.

$$E_{HFC-23} = EF_{calculated} \times P_{HCFC-22} \times F_{released} \times F_{eq,j} \times 10^{-3}$$

$E_{HFC-23}$: HFC$-$23배출량($CO_2-$e ton)

$EF_{calculated}$: 계산된 HFC$-$23 배출계수(HFC$-$23 kg/HCFC$-$22 kg)

$P_{HCFC-22}$: 전체 HCFC$-$22 생산량(kg)

$F_{released}$: 처리되지 않은 채 대기로 연간 방출되는 비율(%)

$F_{eq,j}$: 온실가스(j)의 등가계수(HFC$-$23$=$11,700)


## ③ Tier 3

Tier 3 산정방법은 사업장 개별 시설의 정보를 이용하며 배출량을 산정하는 방법이며, 활동자료의 이용 가능성에 따라 Tier 3a, 3b, 3c로 구분한다. Tier 3a는 대기로 방출되는 증기의 유량과 조성을 직접적, 지속적으로 측정할 수 있을 때, Tier 3b는 배출에 관한 공정변수들을 지속적으로 모니터링 할 수 있을 때, Tier 3c는 HFC$-$23이 생성되는 반응조에서 HFC$-$23의 농도를 지속적으로 측정할 수 있을 때에 사용할 수 있다.


### ㉠ Tier 3A 〈직접법〉

$$E_{HFC-23} = C \times f \times t \times F_{eq,j} \times 10^{-3}$$

$E_{HFC-23}$: HFC$-$23배출량($CO_2-$e ton)

$C$: 실제 발생하는 HFC$-$23의 농도(HFC$-$23 kg/gas$-$kg)

*f*: 가스 유량의 총량(일반적으로 부피로 측정한 후 질량으로 환산하여 적용한다) (gas-kg/hour)

*t*: 각 변수들이 측정된 시간(hour)

$F_{eq,j}$: 온실가스(j)의 $CO_2$ 등가계수(HFC-23=11,700)


Ⓛ *Tier 3B* 〈프록시법〉

$$E_{HFC-23} = (S \times F \times P \times t - R) \times F_{eq,j} \times 10^{-3}$$


$E_{HFC-23}$: HFC-23배출량($CO_2$-e ton)

*S*: 시험운전 시 배출가스 중 HFC-23의 표준 배출량(kg/unit)


$$S = C \times \frac{R}{P}$$


*C*: 시험운전 시 배출가스 중 HFC-23의 농도(HFC-23 kg/gas-kg)

*R*: 시험운전 시 배출가스 유량(kg/hour)

*P*: 시험운전 시 공정 가동률

*F*: 공정 가동률에 따른 배출률(시험운전 시 배출률에 대한 상수)

*P*: 가동시간 중 공정 가동률(%)

*t*: 공정 가동 시간

*R*: 회수되거나 파괴되는 HFC-23의 양(kg)

$F_{eq,j}$: 온실가스(j)의 $CO_2$ 등가계수(HFC-23=11,700)


Ⓒ *Tier 3C* 〈공정 내 측정법〉

$$E_{HFC-23} = (C \times P \times t - R) \times F_{eq,j} \times 10^{-3}$$


$E_{HFC-23}$: HFC-23배출량($CO_2$-e ton)

*C*: 반응조 안의 HFC-23 농도(HFC-23 kg/HCFC-22 생산량 kg)

*P*: HCFC-22 생산량(kg)

*t*: HFC-23이 실제로 배기되는 시간 분율

$R$: 회수한 HFC−23의 양(kg)

$F_{eq,j}$: 온실가스(j)의 $CO_2$ 등가계수(HFC−23＝11,700)


## 5. 매개변수별 관리 기준


### ① 활동자료

***Tier 1***

측정불확도 ±7.5% 이내의 사업장별 HCFC−22 생산량을 사용한다.


***Tier 2***

측정불확도 ±5.0% 이내의 사업장별 HCFC−22 생산량을 사용한다.


***Tier 3***

측정불확도 ±2.5% 이내의 Tier 3 각 산정방법론에 제시된 활동자료를 직접 측정하여 활용한다.

ㄱ Tier 3A − 배출가스 유량 및 조성 등

ㄴ Tier 3B − 배출가스 유량 및 조성, 공정의 가동률 등

ㄷ Tier 3C − 사업장별 HCFC−22 생산량, 반응조 안의 HFC−23 농도 등


### ② 배출계수

***Tier 1***

IPCC 가이드라인의 생산기술별로 구분하여 HCFC−22 생산량당 기본배출계수를 적용한다.

| 생산기술 | 배출계수 (kg HFC−23/kg HCFC−22) |
| --- | --- |
| 오래된 생산설비(1940년도~1990/1995년도) | 0.04 |
| 최적화된 최근의 생산설비 | 0.03 |
| 지구 평균 배출(1978~1995) | 0.02 |

| 물질 구분 | | 배출계수 (배출량 kg/생산량 kg) |
|---|---|---|
| HFCs, PFCs | | 0.005 |
| SF6 | 일반 | 0.002 |
| | 고순도 | 0.08 |

## Tier 2

HFC-23의 배출계수(*EFcalculated*)는 아래 두 식에 의해 계산된 평균값을 사용하며, 그렇지 않은 경우 불확도가 낮은 한 가지를 선택하여 사용한다.

㉠ 탄소수지 효율에 의한 배출계수 계산

$$EF_{carbon\_balance} = \frac{(100 - CBE)}{100} \times F_{efficiency\ loss} \times FCC$$

$EF_{carbon-balance}$: 탄소수지에 의한 HFC-23 배출계수(HFC-23 kg / HCFC-22 kg)

$CBE$: 탄소수지 효율(%)(사업장 고유 자료)

$F_{efficiency\ loss}$: HFC-23의 효율손실 계수(분율)(사업장 고유 자료)

$FCC$: 탄소함량 계수(= 0.81)(HFC-23 kg / HCFC-22 kg)

㉡ 불소수지 효율에 의한 배출계수 계산

$$EF_{fluorine\_balance} = \frac{(100 - FBE)}{100} \times F_{efficiency\ loss} \times FCC$$

$EF_{cfluorine-balance}$: 불소수지 계산에 의한 HFC-23 배출계수(HFC-23 kg / HCFC-22 kg)

$FBE$: 불소수지 효율(%)(사업장 고유 자료)

$F_{efficiency\ loss}$: HFC-23의 효율손실 계수(분율)(사업장 고유 자료)

$FCC$: 불소함량 계수(=0.54)(HFC-23 kg/HCFC-22 kg)

## Tier 3

제47조에 따라 사업자가 자체 개발한 고유 계수를 사용한다.

# PART 07

# 금속산업 온실가스
# 배출량 · 에너지 소비량 산정

[지침] 온실가스·에너지 목표관리 운영 등에 관한 지침
환경부 고시 제2012-103호, 2012년 06월 21일 개정본(R.1)
최초: 환경부 고시 제2011-29호, 2011년 3월 16일 제정(R.0)
[지침의 근거] 「저탄소 녹색성장 기본법」 제42조 및 같은 법 시행령 제26조

# 01

# 금속산업

## 제1절 철강생산(IPCC 카테고리: 1C1)

### 1. 배출활동 개요

철강공정에서의 주요 배출원은 코크스로, 소결로 및 석회 소성로에서 원료 중 탄소성 분에 의해 발생되는 $CO_2$로 구분할 수 있다. 이들 배출원에서 생산된 제품은 고로에 원료 로써 재투입되며 연소에 의해 다시 대기 중으로 배출된다. 특히 일관제철 공정 중 코크스 로, 고로 및 전로에서 발생되는 공정 부생가스는 각각 코크스 오븐가스(Cokes Oven Gas, COG), 고로가스(Blast Furnace Gas, BFG), 전로가스(Linz Donawitz converter Gas; LDG)라고 부 르며 중앙관리시스템에서 회수하여 일관제철 공정 중 주요 시설에 연료로써 재공급된다. 따라서 코크스로, 고로 및 전로 시설에서 직접적으로 대기 중으로 배출되는 배기가스는 거의 없으며 이 배기가스는 연료 재순환에 의하여 다른 배출시설에서 연료 연소에 의하 여 배출될 것이다. 이러한 이유로 일관제철의 경우 전기로를 제외하고는 공정특성에 의한 $CO_2$ 배출보다는 이들 공정 부생가스에 의한 배출특성이 주로 나타난다.

### 2. 보고 대상 배출시설

철강 생산 공정의 보고대상 배출시설은 아래와 같으며, 세부내용은 별표 7의 배출활동별 배출시설 개요를 참조한다.

① 일관제철시설

② 코크스로

③ 소결로

④ 용선로 또는 제선로(고로)

⑤ 전로

⑥ 전기아크로

⑦ 평로

## 3. 보고 대상 온실가스

| 구분 | $CO_2$ | $CH_4$ | $N_2O$ |
|---|---|---|---|
| 산정방법론 | Tier 1, 2, 3, 4 | Tier 1 | − |

## 4. 배출량 산정 방법론

1 일관제철공정

① Tier 3 〈물질수지법〉

$$E_j = \frac{44}{12} \times [[\Sigma(CCF_i \times Q_i) - \Sigma(CCF_p \times A_p) - \Sigma(CCF_e \times Y_e)]$$
$$- [\Sigma(CCFi \times \Delta S_{qi}) + \Sigma(CCF_p \times \Delta S_{qp}) + \Sigma(CCF_e \times \Delta S_{qe})]]$$

$E_j$: 일관제철공정에서의 온실가스($j$) 배출량($tCO_2$)

$CCF_i$: 공정에 투입되는 각 연료 및 원료($i$)의 탄소함량(tC/unit−물질)

$Q_i$: 공정에 투입되는 각 연료 및 원료($i$)사용량(unit: t, $m^3$, $KNm^3$)

$CCF_p$: 공정에서 생산되는 각 제품($p$)의 탄소함량(tC/unit−제품)

$A_p$: 공정에서 생산되는 각 제품($p$) 생산량(unit; t, $m^3$)

$CCF_e$: 공정에서 생산되어 외부로 나가는 각각의 부산물($e$)의 탄소함량(tC/unit−부산물)

$Y_e$: 공정에서 생산되어 외부로 나가는 각각의 부산물($e$)의 양(unit; t, Gcal)(콜타르, 조경유, 부생가스 등을 포함한다)

$\triangle S_{qi}$: 일관제철공정 경계 내에 보관되는 연료 및 원료($i$) 재고의 순(net) 증가량(unit : t, $m^3$, $KNm^3$)

$\triangle S_{ap}$: 일관제철공정 경계 내에서 보관되는 제품($p$) 재고의 순(net) 증가량(unit: t, $m^3$, $KNm^3$)

$\triangle S_{qe}$: 일관제철공정 경계 내에서 보관되는 부산물($e$) 재고의 순(net) 증가량(unit: t, $m^3$, $KNm^3$)


② 코크스로

사업장 내에서 발생한 부생가스가 타 공정의 연료로 사용될 경우에는 고정연소 배출활동에서 보고되어야 한다.


① *Tier 1*

Tier 1 산정방법은 코크스 생산량을 기준으로 한 $CO_2$, $CH_4$ 배출량 산정방법이다.

$$E_{Coke} = Q_{Coke} \times EF_{Coke} \times F_{eq,j}$$

$E_{Coke}$: 코크스로에서의 온실가스($CO_2$, $CH_4$) 배출량($CO_2-e$ ton)

$Q_{Coke}$: 코크스 생산량(ton)

$EF_{Coke}$: 온실가스($CO_2$, $CH_4$) 배출계수($tCO_2$/ton, $tCH_4$/ton)

$F_{eq,j}$: 온실가스($CO_2$, $CH_4$)의 $CO_2$ 등가계수($CO_2$=1, $CH_4$=21)


② *Tier 2~3*

Tier 2 산정방법은 코크스로에 사용된 원료 및 연료 사용량과 코크스생산량을 활용하여 $CO_2$ 배출량을 산정하는 방법이다.

$$E_{Coke} = \frac{44}{12} \times [CC \times C_{CC} + \sum (PM \times C_{PM})$$

$$- CO \times C_{CO} - COG \times C_{COG} - \sum (COB \times C_{COB})]$$

$E_{Coke}$: 코크스로부터 연간 $CO_2$ 배출량(ton)

*44/12*: $CO_2$/C 분자량 비율

*CC*: 원료탄 사용량(ton)

*PM*: 원료탄 이외의 원료사용량(ton)

*CO*: 코크스 생산량(ton)

*COG*: 코크스오븐가스 발생량($m^3$)

*COB*: 코크스오븐 부산물 발생량(ton)

*CX*: X 물질 중 탄소함량(ton$-$C/ton, ton$-$C/$m^3$)


③ 소결로(Sinter)

사업장 내에서 발생한 부생가스가 타 공정의 연료로 사용될 경우에는 고정연소 배출활동에서 보고되어야 한다.


① *Tier 1*

Tier 1 산정방법은 소결물 생산량을 기준으로 $CO_2$, $CH_4$ 배출량을 산정하는 방법이다.

$$E_{SI} = SI \times EF_{SI} \times F_{eq.j}$$

$E_{Si}$: 소결로에서의 연간 $CO_2$ 및 $CH_4$ 배출량($CO_2-e$ ton)

*SI*: 소결물 생산량(ton)

$EF_{Si}$: $CO_2$ 및 $CH_4$ 배출계수($tCO_2$/ton, $tCH_4$/ton)

$F_{eq.j}$: 온실가스($CO_2$, $CH_4$)의 $CO_2$ 등가계수($CO_2$=1, $CH_4$=21)


② *Tier 2~3*

Tier 2 산정방법은 소결물 생산을 위해 사용된 원료 및 연료 사용량, 소결물 생산량, 소결가스 발생량 값을 기준으로 $CO_2$ 배출량을 산정하는 방법이다.

$$E_{SI} = \frac{44}{12} \times [CBR \times C_{CBR} + \sum (PM \times C_{PM}) - SOG \times C_{SOG}]$$

$E_{SI}$: 소결로에서의 연간 $CO_2$ 배출량(t$CO_2$)

**44/12**: $CO_2$/C 분자량 비율

**CBR**: 코크브리즈 사용량(ton)

**PM**: 원료탄 이외의 원료사용량(ton)

**SOG**: 소결로 가스 발생량(ton)

**CX**: 물질 X 중 탄소함량(tC/ton, tC/m³)

④ 고로(Blast Furnace)

사업장 내에서 발생한 부생가스가 타 공정의 연료로 사용될 경우에는 고정연소 배출활동에서 보고되어야 한다.

① *Tier 1*

Tier 1 산정방법은 용선 생산량을 기준으로 한 $CO_2$, $CH_4$ 배출량의 산정방법이다.

$$E_{BF} = Q_{BF} \times EF_{BF} \times F_{eq,j}$$

$E_{BF}$: 고로에서의 $CO_2$ 및 $CH_4$ 배출량($CO_2-e$ ton)

$Q_{BF}$: 고로의 용선(pig iron) 생산량(ton)

$EF_{BF}$: 고로의 $CO_2$ 및 $CH_4$ 기본 배출계수(t$CO_2$/ton, t$CH_4$/ton)

$F_{eq,j}$: 온실가스($CO_2$, $CH_4$)의 $CO_2$ 등가계수($CO_2$=1, $CH_4$=21)

② *Tier 2~3*

Tier 2, 3 산정방법은 용선생산을 위해 사용된 원료 및 연료 사용량, 용선생산량 등을 기준으로 한 $CO_2$ 산정방법이다.

$$E_{BF} = \frac{44}{12} \times [CC \times C_{CC} + \sum (COB \times C_{COB}) + \sum (PCI \times C_{PCI})$$
$$+ Car \times C_{car} + \sum (O \times C_O) - PI \times C_{PI} - BFG \times C_{BFG}]$$

$E_{BF}$: 고로에서의 선철생산에 따른 $CO_2$ 배출량(t$CO_2$)

*44/12*: $CO_2$/C 분자량 비율

$CC$: 고로에 투입된 코크스 양(ton)

$COB$: 고로에서 소모된 현지 코크스 오븐의 부산물 양(ton)

$PCI$: 고로에 투입된 코크스 외 환원제 사용량(ton)

$Car$: 고로에 투입된 탄산염물질의 양(ton)

$O$: 고로에 투입된 기타 공정물질(소결물, 폐플라스틱 등)의 양(ton)

$PI$: 고로의 용선(pig iron) 생산량(ton)

$BFG$: 고로의 BFG 발생량(Nm$^3$)

$CX$: X 물질 중 탄소함량(ton$-$C/ton, ton$-$C/Nm$^3$)


⑤ 전로(Converter)

사업장 내에서 발생한 부생가스가 타 공정의 연료로 사용될 경우에는 고정연소 배출활동에서 보고되어야 한다.


① *Tier 1*

**Tier 1** 산정방법은 조강 생산량을 기준으로 한 $CO_2$, $CH_4$ 배출량의 산정방법이다.

$$E_{BOF} = Q_{BOF} \times EF_{BOF} \times F_{eq.j}$$

$E_{BOF}$: 전로에서의 $CO_2$ 및 $CH_4$ 배출량($CO_2-e$ ton)

$Q_{BOF}$: 전로의 조강 생산량(ton)

$EF_{BOF}$: 전로의 $CO_2$ 및 $CH_4$ 기본 배출계수(t$CO_2$/ton, t$CH_4$/ton)

$F_{eq.j}$: 온실가스($CO_2$, $CH_4$)의 $CO_2$ 등가계수($CO_2=1$, $CH_4=21$)

② *Tier 2*

Tier 2 산정방법은 조강생산을 위해 사용된 원료 및 연료 사용량, 조강생산량 등을 기준으로 한 $CO_2$ 산정방법이다.

$$E_{BOF} = \frac{44}{12} \times [(PI \times C_{PI}) + (Car \times C_{Car}) + \sum (O \times C_O) - (S \times C_S) - (LDG \times C_{LDG})]$$

$E_{BOF}$: 전로에서 조강생산에 따른 $CO_2$ 배출량

$44/12$: $CO_2$/C 분자량 비율

$PI$: 전로에 투입된 용선(pig iron)의 양(ton)

$Car$: 전로에 투입된 탄산염물질의 양(ton)

$O$: 전로에 투입된 기타 공정물질(소결물, 폐플라스틱 등)의 양(ton)

$S$: 전로의 조강생산량(ton)

$LDG$: 전로의 LDG 발생량($Nm^3$)

$C_X$: X 물질 중 탄소함량(ton−C/ton, ton−C/$Nm^3$)

③ *Tier 3*

Tier 3 산정방법은 조강생산을 위해 사용된 원료 및 연료 사용량, 조강생산량 등을 기준으로 한 $CO_2$ 산정방법이다.

$$E_{BOF} = \frac{44}{12} \times [(PI \times C_{PI}) + (Car \times C_{Car}) + (Scrap \times C_{Scrap}) + (Carbon \times C_{Carbon})$$
$$- (S \times C_S) - (LDG \times C_{LDG}) - (Slag \times C_{Slag}) - (R \times C_R)]$$

$E_{BOF}$: 전로에서 조강생산에 따른 $CO_2$ 배출량

$44/12$: $CO_2$/C 분자량 비율

$PI$: 전로에 투입된 용선(pig iron)의 양(ton)

$Car$: 전로에 투입된 탄산염물질의 양(ton)

$Scrap$: 전로에 투입된 철스크랩(steel scrap)의 양(ton)

$Carbon$: 전로에 투입된 탄소물질(석탄, 코크스 등)의 양(ton)

$S$: 전로의 조강생산량(ton)

$LDG$: 전로의 LDG 발생량(Nm³)

$Slag$: 전로의 슬래그 발생량(ton)

$R$: 대기오염물질 방지시설의 잔류물질 양(ton)

$CX$: X 물질 중 탄소함량(ton−C/ton, ton−C/Nm³)


6 전기로(Electric Arc Furnace)

사업장 내에서 발생한 부생가스가 타 공정의 연료로 사용될 경우에는 고정연소 배출활동에서 보고되어야 한다.


① *Tier 1*

Tier 1 산정방법은 조강 생산량을 기준으로 한 $CO_2$, $CH_4$ 배출량의 산정방법이다.

$$E_{EAF} = Q_{EAF} \times EF_{EAF} \times F_{eq.j}$$

$E_{EAF}$: 전기로에서의 $CO_2$ 및 $CH_4$ 배출량($CO_2-e$ ton)

$Q_{EAF}$: 전기로의 조강 생산량(ton)

$EF_{EAF}$: 전기로의 $CO_2$ 및 $CH_4$ 기본 배출계수(t$CO_2$/ton, t$CH_4$/ton)

$F_{eq.j}$: 온실가스($CO_2$, $CH_4$)의 $CO_2$ 등가계수($CO_2$=1, $CH_4$=21)


② *Tier 2*

Tier 2 산정방법은 조강생산을 위해 사용된 원료 및 연료 사용량, 조강생산량 등을 기준으로 한 $CO_2$ 산정방법이다.

$$E_{EAF} = \frac{44}{12} \times [(CE \times C_{CE}) + (CA \times C_{CA}) + \sum (O \times C_O)]$$

$E_{EAF}$: 전기로에서 조강생산에 따른 $CO_2$ 배출량

*44/12*: $CO_2$/C 분자량 비율

*CE*: 전기로에서 사용된 탄소전극봉의 양(ton)

*CA*: 전기로에 투입된 가탄제 양(ton)

*O*. 전로에 투입된 기타 공정물질(소결물, 폐플라스틱 등)의 양(ton)

*CX*: X 물질 중 탄소함량(ton-C/ton, ton-C/Nm³)


③ *Tier 3*

**Tier 3** 산정방법은 조강생산을 위해 사용된 원료 및 연료 사용량, 조강생산량 등을 기
준으로 한 $CO_2$ 산정방법이다.

$$E_{EAF} = \frac{44}{12} \times [(PI \times C_{PI}) + (Car \times C_{Car}) + (Scrap \times C_{Scrap}) + (Carbon \times C_{Carbon})$$
$$+ (Electrode \times C_{Electrode}) - (S \times C_S) - (Slag \times C_{Slag}) - (R \times C_R)]$$

$E_{EAF}$: 전기로에서 조강생산에 따른 $CO_2$ 배출량

*44/12*: $CO_2$/C 분자량 비율

*PI*: 전기로에 투입된 용선(pig iron)의 양(ton)

*Car*. 전기로에 투입된 탄산염물질의 양(ton)

*Scrap*. 전기로에 투입된 철스크랩(steel scrap)의 양(ton)

*Carbon*: 전기로에 투입된 탄소물질(석탄, 코크스 등)의 양(ton)

*Electrode*: 탄소전극봉의 소비량(ton)

*S*. 전기로에서의 조강생산량(ton)

*Slag*. 전기로의 슬래그 발생량(ton)

*R*. 대기오염물질 방지시설의 잔류물질 양(ton)

*CX*: X 물질 중 탄소함량(ton-C/ton, ton-C/Nm³)


[7] 직접환원로(Direct Reduction Furnace)


① *Tier 1*

**Tier 1** 산정방법은 직접환원철 생산량을 기준으로 한 $CO_2$, $CH_4$ 배출량 산정방법이다.

$$E_{DRI} = DRI \times EF_{DRI} \times F_{eq.j}$$

$E_{DRI}$: 직접산화철 생산에 따른 $CO_2$, $CH_4$ 배출량($CO_2$-e ton)

$DRI$: 직접환원철 생산량(ton)

$EF_{DRI}$: $CO_2$ 및 $CH_4$ 배출계수($tCO_2$/ton, $tCH_4$/ton)

$F_{eq.j}$: 온실가스($CO_2$, $CH_4$)의 $CO_2$ 등가계수($CO_2$=1, $CH_4$=21)


② *Tier 2*

**Tier 2** 산정방법은 직접환원철 생산에 사용된 원료 및 연료 사용량, 탄소함량 등을 기준으로 $CO_2$ 배출량을 산정하는 방법이다.


$$E_{DRI} = \frac{44}{12} \times (DRI_{NG} \times C_{NG} + DRI_{BZ} \times C_{BZ} + DRI_{CK} \times C_{CK})$$


$E_{DRI}$: 직접환원철 생산에 따른 $CO_2$ 배출량(ton)

*44/12*: $CO_2$/C 분자량 비율

$DRI_{NG}$: 직접환원철 생산에 사용된 천연가스양(GJ)

$C_{NG}$: 천연가스의 탄소함량(ton-C/GJ)

$DRI_{BZ}$: 직접환원철 생산에 사용된 코크브리즈량(GJ)

$C_{BZ}$: 코크브리즈의 탄소함량(ton-C/GJ)

$DRI_{CK}$: 직접환원철 생산에 사용된 야금코크스량(GJ)

$C_{CK}$: 야금코크스의 탄소함량(ton-C/GJ)


③ *Tier 3*

**Tier 3** 산정방법은 직접환원철 생산에 사용된 원료 및 연료 사용량, 철 생산량, 방지시설에 포집된 잔류물질의 탄소분석 값을 기준으로 $CO_2$ 배출량을 산정하는 방법이다.


$$E_{DRI} = \frac{44}{12} \times (F_g \times C_{gf} \times \frac{MW}{MVC} \times 0.001 + Ore \times C_{Ore} + Carbon \times C_{Carbon}$$
$$+ Other \times C_{Other} - Iron \times C_{Iron} - NM \times C_{NM} - R \times C_R)$$

$E_{DRI}$: 직접환원로(direct reduction furnace)로부터 $CO_2$ 배출량($tCO_2$)

$44/12$: $CO_2/C$ 분자량 비율

$F_g$: 가스 연료의 연소량(ton)

$MW$: 가스연료의 분자량($kg/kg-mole$)

$MVC$: 몰부피전환계수($22.4m^3/kg-mole$)

$0.001$: kg을 ton으로의 전환계수

$Ore$: 직접환원로에 투입된 철광석(iron ore) 또는 철광석 Pellets량(ton)

$Carbon$: 직접환원로에서 탄소 물질(석탄, 코크스)의 연간 충전량(ton)

$Other$: 직접환원로에 충전된 기타 물질의 양(ton)

$Iron$: 연간 철 생산량(ton)

$NM$: 직접환원로에서 비금속 물질의 연간 생산량(ton)

$R$: 대기오염물질 방지시설의 잔류물질의 양(ton)

$CX$: X 물질 중 탄소함량($ton-C/ton$, $ton-C/m^3$)


## 5. 매개변수별 관리 기준

### ① 활동자료

#### Tier 1

측정불확도 ±7.5% 이내의 투입연료 및 원료, 제품생산량, 공정 외부로 나가는 부산물의 양, 각각의 순 재고증가량 등 활동자료를 사용한다.


#### Tier 2

측정불확도 ±5.0% 이내의 투입연료 및 원료, 제품생산량, 공정 외부로 나가는 부산물의 양, 각각의 순 재고증가량 등 활동자료를 사용한다.


#### Tier 3

측정불확도 ±2.5% 이내의 투입연료 및 원료, 제품생산량, 공정 외부로 나가는 부산물의 양, 각각의 순 재고증가량 등 활동자료를 사용한다.

### Tier 4

연속측정방식(CEMS)을 사용한다.


② 배출계수

### Tier 1

아래 <표-21>의 IPCC 가이드라인 기본 배출계수를 사용한다.


〈표-21〉 코크스 생산과 철과 강 생산에서의 $CO_2$ 배출계수

| 공정 과정 | 배출계수 (tCO₂/t − 생산물) |
|---|---|
| 소결물 생산 | 0.20 |
| 코크스 오븐 | 0.56 |
| 선철(pig iron) 생산(고로) | 1.35 |
| 직접 환원철(DRI) 생산 | 0.70 |
| 펠렛 생산 | 0.03 |
| 전로(BOF) | 0.11 |
| 전기로(EAF) | 0.08 |
| 평로(OHF) | 1.72 |
| 국제 기준 값(65% BOF, 30% EAF, 5% OHF 기준)<br>(강 1톤 생산당 나오는 $CO_2$ 양) | 1.06 |

* 출처: 2006 IPCC 국가 인벤토리 작성을 위한 가이드라인
* 비고: 이 표에 있는 EAF 제강에 대한 $CO_2$ 배출계수는 고철을 이용한 강(steel) 생산에 대한 것이며, 따라서 고로에서 용선을 생산하는 과정에서의 $CO_2$ 배출은 여기에서 고려되지 않는다. 그러므로 이 표에서 EAF에 대한 Tier 1 $CO_2$ 배출계수는 선철(pig iron)을 원료로 사용하는 EAF에는 활용할 수 없다.


〈표-22〉 코크스 생산, 철과 강 생산에서의 $CH_4$ 배출계수

| 공정과정 | $CH_4$ 배출계수 값 |
|---|---|
| 코크스생산 | 생산된 코크스 1톤당 0.1g |
| 소결물생산 | 생산된 소결물 1톤당 0.07g |
| 직접환원철(DRI) 생산 | 1kg/TJ(순발열량 기준) |

* 출처: 2006 IPCC 국가 인벤토리 작성을 위한 가이드라인


〈표-23〉 코크스, 철(steel)과 강(iron) 생산에서 재료별 탄소 함량 계수

| 공정재료들 | 탄소 함량 계수 (kg − C/kg) |
|---|---|
| 고로가스(BFG) | 0.17 |
| 석탄[1] | 0.67 |

| | |
|---|---|
| 콜타르 | 0.62 |
| 코크스 | 0.83 |
| 코크스오븐가스(COG) | 0.47 |
| 원료탄 | 0.73 |
| 직접환원철(DRI) | 0.02 |
| 돌로마이트 | 0.13 |
| EAF 탄소 전극[2] | 0.82 |
| EAF 충진 탄소[3] | 0.83 |
| 연료유[4] | 0.86 |
| 가스코크스 | 0.83 |
| 열간성형철(HBI) | 0.02 |
| 석회석 | 0.12 |
| 천연가스 | 0.73(또는 0.549kgC/Gcal) |
| 전로가스(LDG) | 0.35 |
| 석유코크스 | 0.87 |
| 냉선(Purchased Pig iron 또는 Cold iron) | 0.04 |
| 스크랩선(Scrap iron) | 0.04 |
| 강(Steel) | 0.01 |

* 출처: 2006 IPCC 국가 인벤토리 작성을 위한 가이드라인
* 비고: 1) 기타 역청탄(원료탄 범주에 포함되지 않는 모든 역청탄을 말함) 가정
       2) 80%는 석유 코크스 그리고 20%는 콜타르
       3) 코크스오븐 코크스 가정
       4) 경유/디젤유 가정

## *Tier 2*

제46조 제2항에 따른 국가 고유 배출계수를 사용한다.

## *Tier 3*

제47조에 따라 사업자가 자체 개발한 각각의 연료 및 원료, 제품, 부산물 등에 대한 탄소함량 등 고유 배출계수를 사용한다.

다만, 전기로에서 주원료인 철스크랩(steel scrap)의 탄소함량은 별도로 분석하지 아니하고 생산되는 강의 탄소함량과 동일한 값을 적용한다.[2]

---

2) 전기로의 주원료는 재활용되는 철 스크랩(recycled steel scrap)이며, 전기로의 역할이 고로(BF) 및 전로(BOF)와 같이 생산되는 강(iron)의 탄소함량 조절이 아닌 철 스크랩을 전기를 사용하여 용융시키는 것에 있음(출처: IPPC 가이드라인 Vol3. 4.12). 철 스크랩의 탄소함량은 생산되는 강의 탄소함량과 평균적으로 동일하다고 가정

*Tier 4*

연속측정방식(CEMS)을 사용한다.


## 제2절 합금철 생산(IPCC 카테고리: 1C2)


### 1. 배출활동 개요

합금철 제조공정에서의 $CO_2$ 배출은 코크스 같은 환원제의 야금환원(metallurgical reduction) 과정 및 전극봉 사용에 의해서 발생한다.

전기아크로는 전기양도체인 전극(탄소봉)에 전류를 통하여 충진된 물질(철 스크랩 등)과 전극 사이에 발생하는 아크열을 이용하여 충진된 내용물을 산화 정련하며, 산화정련 후 환원성의 광재로 환원정련함으로써 탈산·탈황작업을 하게 된다. 보통 1회에 2~3번의 원료투입(장입)이 이루어지는데 원료투입 시에는 로 상부의 선회식 뚜껑이 열리고 드롭보텀식 버킷(Dropbottom bucket)에 담긴 충진물질 등을 기중기를 이용하여 로 상부에서 투입한다. 로의 형식에 따라 고정식과 경동식이 있으며 고정식은 출강구를 통하여, 경동식은 로 자체를 일정한 기울기만큼 기울여 출강한다.

EAF를 사용하는 경우 모든 합금철 생산에서 $CO_2$가 발생하며, 실리콘(Si)계 합금철(ferrosilicon)을 생산할 경우에는 $CH_4$가 발생한다.


### 2. 보고 대상 배출시설

합금철 생산 공정의 보고대상 배출시설은 아래와 같으며, 세부내용은 별표 7의 배출활동별 배출시설 개요를 참조한다.

① 전로
② 전기아크로

## 3. 보고 대상 온실가스

| 구분 | $CO_2$ | $CH_4$ | $N_2O$ |
|---|---|---|---|
| 산정방법론 | Tier 1, 2, 3, 4 | Tier 1, 2 | − |

## 4. 배출량 산정 방법론

① *Tier 1*

$$E_{i,j} = Q_i \times EF_{i,j} \times F_{eq,j}$$

***Ei,j***: 각 합금철(*i*) 생산에 따른 $CO_2$ 및 $CH_4$ 배출량($CO_2-e$ ton)

***Qi***: 합금철 제조공정에 생산된 각 합금철(*i*)의 양(ton)

***EFi,j***: 합금철(*i*) 생산량당 배출계수($tCO_2$/t−합금철, $tCH_4$/t−합금철)

***Feq,j***: 온실가스($CO_2$, $CH_4$)의 $CO_2$ 등가계수($CO_2=1$, $CH_4=21$)

② *Tier 2*

$$E_{CO2} = \sum(M_{ra} \times EF_{ra}) + \sum(M_{ore} \times CC_{ore}) \times \frac{44}{12} + \sum(M_{sfm} \times CC_{sfm}) \\ \times \frac{44}{12} - \sum(M_p \times CC_p) \times \frac{44}{12} - \sum(M_{npos} \times CC_{npos}) \times \frac{44}{12}$$

***$E_{CO2}$***: 합금철 생산에 따른 $CO_2$ 배출량(ton)

***$M_{ra}$***: 환원제(reducing agent)의 무게(ton)

***$EF_{ra}$***: 환원제의 배출계수($CO_2$−ton/환원제−ton)

***$M_{ore}$***: 원석(ore)의 무게(ton)

***$CC_{ore}$***: 원석(ore)의 탄소함량(tC/ton−원석)

***$M_{sfm}$***: 슬래그 형성물질(slag forming material)의 양(ton)

***$CC_{sfm}$***: 슬래그 형성물질 내 탄소함량(tC/t−슬래그형성물질)

***$M_p$***: 생산제품(product)의 무게(ton)

***$CC_p$***: 생산제품 내 탄소함량(tC/t−제품)

$M_{npos}$: 비제품 외부 반출량(non－product outgoing stream)(ton)

$CC_{npos}$: 외부 반출된 비제품 중 탄소함량(ton－C/t－비제품)

$$E_{CH4} = Q \times EF_{CH4} \times F_{eq,j}$$

$E_{CH4}$: 각 합금철($i$) 생산에 따른 $CH_4$ 배출량($CO_2$－e ton)

$Q$: 합금철 제조공정에 생산된 각 합금철(i)의 양(ton)

$EF_{CH4}$: 합금철 생산량당 배출계수(t－$CH_4$/t－합금철)

$F_{eq,j}$: 온실가스($CO_2$, $CH_4$)의 $CO_2$ 등가계수($CO_2$=1, $CH_4$=21)

③ *Tier 3*

$$E_{CO2} = \sum (M_{ra} \times CC_{ra}) \times \frac{44}{12} + \sum (M_{ore} \times CC_{ore}) \times \frac{44}{12}$$
$$+ \sum (M_{sfm} \times CC_{sfm}) \times \frac{44}{12} - \sum (M_p \times CC_p) \times \frac{44}{12}$$
$$- \sum (M_{npos} \times CC_{npos}) \times \frac{44}{12}$$

$E_{CO2}$: 합금철 생산에 따른 $CO_2$ 배출량(ton)

$M_{ra}$: 환원제(reducing agent)의 무게(ton)

$CC_{ra}$: 환원제의 탄소함량(ton－C/t－환원제)

$M_{ore}$: 원석(ore)의 무게(ton)

$CC_{ore}$: 원석의 탄소함량(ton－C/t－원석)

$M_{sfm}$: 슬래그 형성물질(slag forming material)의 양(ton)

$CC_{sfm}$: 슬래그 형성물질 내 탄소함량(tC/t－슬래그형성물질)

$M_p$: 생산제품(product)의 무게(ton)

$CC_p$: 생산제품 내 탄소함량(tC/t－제품)

$M_{npos}$: 비제품 외부 반출량(non－product outgoing stream)(ton)

$CC_{npos}$: 외부 반출된 비제품 중 탄소함량(tC/t－비제품)

④ Tier 4

연속측정방식(CEM)을 사용한다.

## 5. 매개변수별 관리 기준

① 활동자료

*Tier 1*

측정불확도 ±7.5% 이내의 합금철의 생산량 자료를 사용한다.

*Tier 2*

측정불확도 ±5.0% 이내의 환원제, 원석 등의 원료사용량 및 제품생산량 등의 활동자료를 사용한다.

*Tier 3*

측정불확도 ±2.5% 이내의 환원제, 원석 등의 원료사용량 및 제품생산량 등의 활동자료를 사용한다.

*Tier 4*

연속측정방식(CEM)을 사용한다.

② 배출계수

*Tier 1*

아래 <표-24>에 따른 IPCC 가이드라인 기본 배출계수를 사용한다.

〈표-24〉 합금철 생산량당 $CO_2$ 기본 배출계수

| 합금철 종류 | $CO_2$ 배출계수(tCO$_2$/t - 합금철) |
|---|---|
| 합금철(ferrosilicon) 45% Si | 2.5 |
| 합금철(ferrosilicon) 65% Si | 3.6 |
| 합금철(ferrosilicon) 75% Si | 4.0 |

| 합금철(ferrosilicon) 90% Si | 4.8 |
| 망간철(ferromanganese)(7% C) | 1.3 |
| 망간철(ferromanganese)(1% C) | 1.5 |
| Silicomanganese | 1.4 |
| 실리콘메탈 | 5.0 |

〈표-25〉 합금철 생산량당 $CH_4$ 기본 배출계수

| 합금철 종류 | 전기로(EAF) 작동 방식 | | |
| --- | --- | --- | --- |
| | 회차 충진 방식 (Batch charging) | 흩뿌림 충진 방식 (Sprinkle charging) | 흩뿌림 충진, 750℃ 이상 (Spring charging >750℃) |
| Si 금속 | 1.5 | 1.2 | 0.7 |
| FeSi 90 | 1.4 | 1.1 | 0.6 |
| FeSi 75 | 1.3 | 1.0 | 0.5 |
| FeSi 65 | 1.3 | 1.0 | 0.5 |

### Tier 2

제46조 제2항에 따른 국가 고유 배출계수를 사용한다. 다만 국가 고유 배출계수가 고시되지 않아 활용하지 못할 경우 아래 <표-26>의 IPCC 가이드라인 기본 배출계수를 사용한다.

〈표-26〉 환원제별 $CO_2$ 기본 배출계수

| 환원제의 종류 | 배출계수(t-$CO_2$/t-합금철) |
| --- | --- |
| 석탄 | 3.1 |
| 코크스 | 3.2~3.4 |
| 가소성 전극봉(Prebaked electrode) | 3.54 |
| 전극봉 페이스트(Electrode paste) | 3.4 |
| 석유코크스 | 3.5 |

* 출처: 2006 IPCC 국가 인벤토리 작성을 위한 가이드라인

### Tier 3

제47조에 따라 사업자가 환원제별 탄소함량을 분석하여 다음 식에 따라 고유 배출계수를 개발하여 사용한다.

$$CC_{ra} = F_{FixC} + F_{volatiles} \times C_v$$

$CC_{ra}$: 환원제(reducing agent)의 탄소함량(tC/ton－환원제)

$F_{FixC}$: 환원제 중 고정탄소(FixC)의 질량비(t/t－환원제)

***FixC(%)*** = 100% － % Ash － % Volatile

$F_{volatile}$: 환원제 중 휘발성물질의 질량비(t－휘발성물질/t－환원제)

$C_v$: 휘발성물질의 탄소함량(tC/t－휘발성물질)


### *Tier 4*

연속측정방법(CEM)을 사용한다.


## 제3절 아연 생산(IPCC 카테고리: 1C6)

### 1. 배출활동 개요

1차 아연 생산 공정은 3가지로 구분되는데 첫 번째는 전기－열(electro－thermic) 증류법으로 이는 배소된 광석과 2차 아연 생산물을 융합하여 sinter feed를 생성해 내기 위한 과정이다. 이렇게 생성된 결정을 산화시키기 위하여 환원제가 사용되는데, 이 환원제의 사용으로 인해 $CO_2$가 배출된다. 두 번째 방법으로는 ISF(Imperial Smelting Furnace)를 사용하는 건식 야금 과정으로 지속적인 납과 아연을 생산하는 과정에서 $CO_2$가 발생한다. 세 번째는 전해법으로 습식 제련기술이 사용되어 $CO_2$가 발생하지 않는다. 이중계산을 하지 않고 배출량을 계산하기 위해서는, 이 과정에서 사용된 야금 코크/석탄의 환원제가 납과 아연 생산량에 배당되어야 한다.

$$ZnO(s) \; + \; C(s) \; = \; Zn(g) \; + \; CO(g)$$

2차 아연 생산 공정에서 소결, 제련, 정제 공정 등은 1차 아연 생산공정과 동일한 기술이 사용되는 경우가 대부분이며, 이에 따라 1차 아연 생산공정과 동일하게 사용되는 환원제의 종류 및 아연을 광물로부터 증류시키는 과정에서 $CO_2$가 발생한다.


## 2. 보고 대상 배출시설

아연 생산 공정의 보고대상 배출시설은 아래와 같으며, 세부내용은 별표 7의 배출활동별 배출시설 개요를 참조한다. 이 배출활동에서 습식 아연 제련법을 사용하는 경우 $CO_2$ 배출이 발생하지 않으므로 보고대상에 포함되지 않는다.
① 배소로
② 용융·용해로
③ 전해로


## 3. 보고 대상 온실가스

| 구분 | $CO_2$ | $CH_4$ | $N_2O$ |
|---|---|---|---|
| 산정방법론 | Tier 1a, 1b, 2, 3, 4 | − | − |


## 4. 배출량 산정 방법론

① *Tier 1A*

$$E_{CO2} = Zn \times EF_{default}$$

$E_{CO2}$: 아연 생산으로 인한 $CO_2$ 배출량($tCO_2$)

$Zn$: 생산된 아연의 양(t)

$EF_{default}$: 아연 생산량당 배출계수($tCO_2$/t − 생산된 아연)

② *Tier 1B, 2*

$$E_{CO2} = ET \times EF_{ET} + PM \times EF_{PM} + WK \times EF_{WK}$$

$E_{CO2}$: 아연 생산으로 인한 $CO_2$ 배출량($tCO_2$)

$ET$: 전기 열 증류법에 의해 생산된 아연의 양(ton)

$EF_{ET}$: 전기 열 증류법에 대한 $CO_2$ 배출계수(tCO$_2$/t $-$ 생산된 아연)

$PM$: 건식 야금과정에 의해 생산된 아연의 양(ton)

$EF_{PM}$: 건식 야금과정에 대한 배출계수(tCO$_2$/t $-$ 생산된 아연)

$WK$: Waelz Kiln 과정에 의해 생산된 아연의 양(ton)

$EF_{WK}$: Waelz Kiln 과정에 대한 배출계수(tCO$_2$/t $-$ 생산된 아연)


③ *Tier 3*

$$E_{K,CO2} = [(Z_k \times C_{zk}) + (F_k \times C_{Fk}) + (E_k \times C_{Ek}) + (C_k \times C_{Ck})] \times \frac{44}{12}$$


$E_{K,CO2}$: Waelz Kiln 또는 전기용광로에서 배출되는 $CO_2$ 양(tCO$_2$)

$Z_k$: Kiln 또는 용광로에 충진한 아연함유물질량(ton)

$C_{z,k}$: 아연함유물질의 탄소함량(wt%)

$F_k$: 석회석, 백운석과 같은 Flux materials 충진량(ton)

$C_{F,k}$: Flux materials의 탄소함량(wt%)

$E_k$: 탄소전극 소비량(ton)

$C_{E,k}$: 탄소전극의 탄소함량(wt%)

$C_k$: 탄소계 물질(킬른이나 로 등에 투입되는 석탄코크스 등을 의미한다) 충진량(ton)

$C_{C,k}$: 탄소계 물질(킬른이나 로 등에 투입되는 석탄코크스 등을 의미한다)의 탄소함량(wt%)


$$E_{F,CO2} = [(Z_f \times C_{zf}) + (R_f \times C_{Rk}) + (C_f \times C_{Cf}) + (O_f \times C_{Of})] \times \frac{44}{12}$$


$E_{F,CO2}$: Fuming 공정에서 배출되는 $CO_2$ 양(tCO$_2$)

$Z_f$: Residue 투입량(ton)

$C_{z,f}$: Residue의 탄소함량(wt%)

$R_f$: 환원제 사용량(ton)

$C_{R,f}$: 환원제의 탄소함량(wt%)

$C_f$: 탄산염류 사용량(ton)

$C_{C,f}$: 탄산염류의 탄소함량(wt%)

$O_f$: 기타 부원료 사용량(ton)

$C_{O,f}$: 기타 부원료의 탄소함량(wt%)

④ *Tier 4*

연속측정방식(CEM)을 사용한다.

## 5. 매개변수별 관리 기준

① 활동자료

*Tier 1A*

측정불확도 ±7.5% 이내의 아연 생산량 자료를 사용한다.

*Tier 1B*

측정불확도 ±7.5% 이내의 아연 생산량(전기열 증류법, 건식야금, Waelz kiln 생산 등) 자료를 사용한다.

*Tier 2*

측정불확도 ±5.0% 이내의 아연 생산량(전기열 증류법, 건식야금, Waelz kiln 생산 등) 자료를 사용한다.

*Tier 3*

측정불확도 ±2.5% 이내의 아연함유물질량, 석회석·백운석 등 환원제, 탄소전극 소비량, 탄소계 물질 충진량 등의 활동자료를 사용한다.

*Tier 4*

연속측정방식(CEM)을 사용한다.

② 배출계수

### *Tier 1A, 1B*

아래 <표－27>에 따른 IPCC 가이드라인 기본 배출계수를 사용한다.

여기에서 아연생산공정 구분이 안 될 경우 Tier 1A의 기본계수를 사용하고, 공정별 배출계수(Tier 1B)를 적용한다.

〈표－27〉 아연제련 공정에서 IPCC 기본 배출계수

| 공정 구분 | 배출계수(tCO₂/t－생산된 아연) |
|---|---|
| 기본 배출계수($EF_{default}$) (공정 구분이 안 되는 경우) | 1.72 |
| Waelz Kiln($EF_{WK}$) | 3.66 |
| 전기 열($EF_{ET}$) | － |
| 건식야금법($EF_{PM}$) | 0.43 |

* 출처: 2006 IPCC 국가 인벤토리 작성을 위한 가이드라인

### *Tier 2*

제46조 제2항에 따른 국가 고유 배출계수를 활용한다.

### *Tier 3*

제47조에 따라 사업자가 자체적으로 분석한 아연함유물질, Flux Material, 탄소전극 및 탄소계 물질 등의 탄소함량 값을 사용한다.

### *Tier 4*

연속측정방법(CEM)을 사용한다.

## 제4절 납 생산(IPCC 카테고리: 1C5)

### 1. 배출활동 개요

### 1차 생산 공정

연정광으로부터 미가공 조연(Bullion)을 생산하는 1차 생산공정은 두 가지로 구분된다. 먼저 소결과 제련과정을 연속적으로 거치는 소결/제련 공정으로 전체 1차 납생산 공정의 약 78%를 차지한다. 두 번째는 직접 제련공정으로 소결과정이 생략되며 이 공정은 1차 납 생산 공정의 22%를 차지한다.

소결/제련 공정에서 소결 공정은 연정광을 재활용 소결물, 석회석과 실리카, 산소, 납 고함유 슬러지 등과 혼합하여 황과 휘발성 금속을 연소를 통해 제거한다. 산화납과 다른 금속 산화물을 함유한 소결물을 생산하는 공정은 이산화황($SO_2$)을 배출하고 납을 가열하는 천연가스로부터 에너지 관련 이산화탄소($CO_2$)를 배출한다. 이 소결물은 다시 다른 금속을 포함한 원석, 공기, 용해 부산물 및 야금 코크 등과 함께 고로에 투입된다. 코크는 공기와 반응하여 연소되면서 일산화탄소(CO)를 생성하고 이것은 화학반응을 통해 산화납을 환원시킨다. 제련 공정은 일반적인 고로 또는 ISF(Imperial Smelting Furnace)를 이용하고 납산화물의 환원과정에서 $CO_2$가 배출된다.

직접제련 공정에서는 소결공정이 생략되고 연정광과 다른 물질들이 직접 로에 투입되어 용융되고 산화된다. 다양한 종류의 로가 직접 제련 공정에 이용되는데, Isasmelt−Ausmelt, Queneau−Schumann−Lurgi 및 Kaldo로 등이 용융제련(bath smelting)에 사용되고 Kivcet로가 플래시용련(flash smelting)에 사용된다. 석탄, 야금 코크, 천연가스 등 다양한 물질들이 공정 중 환원제로 사용되는데 로의 타입에 따라 그 사용량이 달라지며 $CO_2$의 배출수준이 달라진다.

### 2차 생산 공정

정제납의 2차 생산은 재활용납을 재사용하기 위한 준비과정이다. 대부분의 재활용납은 버려진 납산배터리 스크랩으로부터 얻는다. 납산배터리는 해머밀로 분쇄되어 탈황공정을 거치거나 거치지 않고 제련 공정으로 투입되기도 하고 분쇄되지 않고 통째 제련되기도 한다. 일반적인 고로, ISF, EAF, ERF, RF, IF, ASL 및 Kivcet로 등이 모두 이 배터리와 다른 재활용 스크랩납의 제련에 사용 가능하다. 배출되는 $CO_2$는 사용하는 환원제의 종류에 양에 따라 달라진다. 일반적인 환원제로는 석탄, 천연가스, 야금 코크 등이 사용되며 ERF는 석유코크를 사용한다.


## 2. 보고 대상 배출시설

납 생산 공정의 보고대상 배출시설은 아래와 같다.

① 소결로

② 용융·용해로


## 3. 보고 대상 온실가스

| 구분 | $CO_2$ | $CH_4$ | $N_2O$ |
|---|---|---|---|
| 산정방법론 | Tier 1, 2, 3 | − | − |


## 4. 배출량 산정 방법론

① *Tier 1*

$$E_{CO2} = Pb \times EF_{default}$$

$E_{CO2}$: 납 생산으로 인한 $CO_2$ 배출량($tCO_2$)

Pb: 생산된 납의 양(t)

$EF_{default}$: 납 생산량당 배출계수($tCO_2/t$ − 생산된 납)


② *Tier 2*

$$E_{CO2} = DS \times EF_{DS} + ISF \times EF_{ISF} + S \times EF_S$$

$E_{CO2}$: 납 생산으로 인한 $CO_2$ 배출량($tCO_2$)

$DS$: 직접제련에 의해 생산된 납의 양(ton)

$EF_{DS}$: 직접제련에 대한 배출계수(tCO$_2$/t − 생산된 납)

$ISF$: ISF(Imperial Smelt Furnace)에서 생산된 납의 양(ton)

$EF_{ISF}$: ISF에 대한 배출계수(tCO$_2$/t − 생산된 납)

$S$: 2차 생산 공정에서의 납 생산량(ton)

$EF_S$: 2차 생산 공정에 대한 배출계수(tCO$_2$/t − 생산된 납)


③ *Tier 3*

$$E_{CO2} = [(P_k \times C_{P,k}) + (S_k \times C_{S,k}) + (R_k \times C_{R,k}) + (C_k \times C_{C,k})] \times \frac{44}{12}$$


$E_{CO2}$: 연제련 공정에서 CO$_2$ 양(tCO$_2$)

$P_k$: 연정광 투입량(ton)

$C_{p,k}$: 연정광의 탄소함량(wt%)

$S_k$: Residue 또는 Cake 등의 투입량(ton)

$C_{s,k}$: Residue 또는 Cake 등의 탄소함량(wt%)

$R_k$: 환원제 사용량(ton)

$R_{E,k}$: 환원제의 탄소함량(wt%)

$C_k$: 탄산염류 사용량(ton)

$C_{C,k}$: 탄산염류의 탄소함량(wt%)


④ *Tier 4*

연속측정방식(CEM)을 사용한다.


## 5. 매개변수별 관리 기준

① 활동자료

**Tier 1**

측정불확도 ±7.5% 이내의 납 생산량 자료를 사용한다.

*Tier 2*

측정불확도 ±5.0% 이내의 납 생산량 자료를 사용한다.

*Tier 3*

측정불확도 ±2.5% 이내의 납함유물질량, 환원제 사용량, 탄소계 물질 사용량 등의 활동 자료를 사용한다.

*Tier 4*

연속측정방식(CEM)을 사용한다.


② 배출계수

*Tier 1*

IPCC 가이드라인 기본 배출계수인 0.52($tCO_2/t$ – 생산된 납)를 사용한다.

*Tier 2*

제46조 제2항에 따른 국가 고유 배출계수를 활용한다. 국가 고유계수가 없는 경우 아래의 IPCC 기본 배출계수를 사용한다.

〈납제련 공정에서 IPCC 기본 배출계수〉

| 공정 구분 | 배출계수($tCO_2/t$ – 생산된 납) |
| --- | --- |
| IPF 공정 | 0.59 |
| DS 공정 | 0.25 |
| 2차 생산 공정 | 0.2 |

* 출처: 2006 IPCC 국가 인벤토리 작성을 위한 가이드라인

*Tier 3*

제47조에 따라 사업자가 자체적으로 분석한 납함유물질, 환원제, 탄산염류 탄소함량 값을 사용한다.

*Tier 4*

연속측정방법(CEM)을 사용한다.

# PART 08

# 전자산업 온실가스
# 배출량·에너지 소비량 산정

[지침] 온실가스·에너지 목표관리 운영 등에 관한 지침
환경부 고시 제2012-103호, 2012년 06월 21일 개정본(R.1)
최초: 환경부 고시 제2011-29호, 2011년 3월 16일 제정(R.0)
[지침의 근거]「저탄소 녹색성장 기본법」제42조 및 같은 법 시행령 제26조

# 01

# 전자산업

## 제1절 전자산업(IPCC 카테고리: 1E)

### 1. 배출활동 개요

전자 산업에서는 실온에서 가스 상태인 $CF_4$, $C_2F_6$, $C_3F_8$, $c-C_4F_8$, $c-C_4F_8O$, $C_4F_6$, $C_5F_8$, $CHF_3$, $CH_2F_2$, $NF_3$, $SF_6$ 등의 불소화합물이 사용되며 주로 실리콘 포함 물질의 플라즈마 식각, 실리콘이 침전되어 있던 화학증착(CVD) 기구의 내벽을 세정하는 데 사용된다. 그리고 생산과정에서 사용되는 불소화합물들 중 일부분은 부산물인 $CF_4$, $C_2F_6$, $CHF_3$, $C_3F_8$로 전환되기도 한다.

### 2. 보고 대상 배출시설

전자산업의 보고대상 배출시설은 아래와 같으며, 세부내용은 별표 7의 배출활동별 배출시설 개요를 참조한다.
① 식각시설
② 증착시설(CVD 등)

## 3. 보고 대상 온실가스

| 구분 | 불소화합물(FCs) |
| --- | --- |
| ① 반도체/LCD/PV 생산부문 | Tier 1, 2a, 2b, 3 |
| ② 열전도 유체 부문 | Tier 2 |

## 4. 배출량 산정 방법론

### ① 반도체/LCD/PV 생산 부문

#### ① *Tier 1*

**Tier 1** 산정방법은 사업장 자료가 없을 경우에만 적용하는 방법으로 가장 정확성이 떨어지는 방법이다. 여러 가지 불소계 온실가스가 동시에 배출되므로 이를 따로 산정하기는 어렵고 배출되는 여러 가지 불소계 온실가스를 한 세트로 구성하여 산정한다. 따라서 전체 공정 배출량을 산정할 때는 모든 종류의 FC 가스의 배출량을 계산하여 합산한다.

$$FC_{gas} = Q_i \times EF_{FC} \times F_{eq.j} \times 10^{-3}$$

$FC_{gas}$: FC 가스(j)의 배출량($CO_2-e$ ton/yr)

$Q_i$: 제품생산 실적 (m²/yr)

$EF_{FC}$: 배출계수, 제품생산실적 m²당 사용되는 가스 양(kg/m²)

$F_{eq.j}$: 온실가스(j)의 $CO_2$ 등가계수(GWP)

#### ② *Tier 2a*

**Tier 2a**는 가스소비량과 배출제어기술 등의 사업장별 데이터를 기반으로 사용된 각각의 FC 배출량을 계산하는 방법이다. 적용되는 변수들에는 반도체나 TFT-FPD 제조 공정에서 사용된 가스양, 사용 후에 가스 Bombe에 잔류하는 가스 양 등이며 제어기술이 적용된 경우 저감효율을 고려한다. 또한 공정 중에 $CF_4$, $C_2F_6$, $CHF_3$와 $C_3F_8$ 등으로 전환되어 생산 공정 중에서 부생가스로 발생하는 가스의 양까지 합산한다.

**Tier 2a** 방법에서는 공정의 종류(식각 또는 세정)는 구별하지 않는다.

㉠ 반도체/LCD/PV 생산 부문 산정식 – Tier 2a

$$FC_{gas} = (1-h) \times FC_j \times (1-U_j) \times (1-a_j \times d_j) \times F_{eq,j} \times 10^{-3}$$

$FC_{gas}$: FC 가스 j의 배출량($CO_2-e$ ton/yr)

$FC_j$: 가스 j의 소비량(kg)

$h$: 가스 Bombe 내의 잔류비율, 비율(기본값은 0.10)

$U_j$: 가스 j의 사용비율, 비율(공정 중 파기되거나 변환된 비율)

$a_j$: 배출제어기술이 있는 공정 중의 가스 j의 부피 분율, 비율

$d_j$: 배출제어기술에 의한 가스 j의 저감효율, 비율

$F_{eq,j}$: 온실가스(j)의 $CO_2$ 등가계수(GWP)

㉡ 부생가스 배출량 산정식 – Tier 2a

$$BPE_{CF_4,j} = (1-h) \times B_{CF_4,j} \times FC_j \times \left(1-a_j \times d_{CF_4}\right) \times F_{eq,j} \times 10^{-3}$$

$BPE_{CF4,j}$: FC 가스 j 사용에 따른 부생가스 $CF_4$의 배출량($CO_2-e$ ton)

$h$: 가스 Bombe 내의 가스 j의 잔류비율, 비율

$B_{CF4,j}$: 배출계수, $CF_4$ 발생량(kg)/가스 j의 사용량(kg)

$a_j$: 배출제어기술이 있는 공정 중의 가스 j의 부피 분율, 비율

$d_{CF4}$: 배출제어기술에 의한 $CF_4$의 저감효율, 비율

$F_{eq,j}$: 온실가스(j)의 $CO_2$ 등가계수($CF_4$=21)

* $C_2F_6$, $CHF_3$, $C_3F_8$도 동일한 방법을 적용하고 합산하여 총 부생가스의 양을 산출한다.

② *Tier 2b*

**Tier 2b**는 공정별 계수를 적용하는 방법으로 각각의 세부공정은 구분하지 않고 크게 식각과 CVD 세정 공정으로만 구분하여 계수를 사용한다. 배출제어기술에 따른 공정별 가스 제거 비율을 적용한다. 배출제어기술이 설치되지 않은 공정에서는 0을 적용 한다.

㉠ 반도체/LCD/PV 생산 부문 산정식 – Tier 2b

$$FC_{gas} = (1-h) \times \sum [FC_{j,p} \times (1-U_{j,p}) \times (1-a_{j,p} \times d_{j,p})] \times F_{eq,j} \times 10^{-3}$$

$FC_{gas}$: FC 가스 j의 배출량($CO_2-e$ ton)

$p$ : 공정 종류(식각 또는 CVD 세척)

$FC_{j,p}$: 공정 $p$에 주입되는 가스 j의 질량(kg)

$h$ : 가스 Bombe 내의 가스 j의 잔류비율, 비율

$U_{j,p}$: 공정 $p$에서의 각 가스 j의 사용비율, 비율

$a_{j,p}$: 배출제어기술이 있는 공정 $p$에서의 가스 j의 부피 분율, 비율

$d_{j,p}$: 배출제어기술에 의한 공정 $p$에서의 가스 j의 저감효율, 비율

$F_{eq,j}$: 온실가스(j)의 $CO_2$ 등가계수(GWP)

* 제어기술이 하나 이상일 때에는 제어기술들에 의한 평균 저감 효율 이용


㉡ 부생가스 배출량 산정식 – Tier 2b

$$BPE_{CF_4,j} = (1-h) \times \sum_{p} \left[ B_{CF_4,j,p} \times FC_{j,p} \times \left(1-a_{j,p} \times d_{CF_4,p}\right) \right] \times F_{eq,j} \times 10^{-3}$$

$BPE_{CF_4,j}$: FC 가스(j) 사용에 따른 부생가스 $CF_4$의 배출량($CO_2-e$ ton)

$h$: 가스 Bombe 내의 가스(j)의 잔류비율, 비율

$B_{CF_4,j,p}$: 배출계수, 공정($p$)에서 가스(j) 사용에 따른 부산물 $CF_4$의 배출량, $CF_4$ 생산량
    (kg)/가스(j)의 사용량(kg)

$FC_{j,p}$: 공정($p$)에 주입되는 가스(j)의 질량(kg)

$a_{j,p}$: 배출제어기술이 있는 공정($p$) 중의 가스(j)의 부피 분율, 비율

$d_{CF_4,p}$: 공정($p$)에서 배출제어기술에 의한 $CF_4$의 파괴율, 비율

$F_{eq,j}$: 온실가스(j)의 $CO_2$ 등가계수($CF_4$=21)

* $C_2F_6$, $CHF_3$, $C_3F_8$도 동일한 방법을 적용하고 합산하여 총 부생가스의 양을 산출한다.


③ *Tier 3*

Tier 3도 Tier 2b와 마찬가지로 공정별 고유 계수를 이용하는 방법이나 공장이나 시설

의 고윳값을 사용한다는 점에서 Tier 2b와 구별된다. 소규모 단위 공정마다 개별적으로 고유 계수를 적용하는 방법이다. Tier 2b와 동일한 산정식을 사용하나 Tier 2b에서의 ($p$)변수가 Tier 3에서는 특정 공정에 대한 사업장 고유 계수로 대체된다.

2 열전도 유체 부문

① *Tier 1*

열전도 유체로 쓰이는 불소계 온실가스의 배출량을 산정하는 Tier 2 방법은 연간 액체 불소화합물의 사용량을 이용하여 산정한다. 사업장별 자료가 이용 가능할 때 적용된다.

$$FC_j = \rho_j \times \lfloor I_{j,t-1}(l) + P_{j,t}(l) - N_{j,t}(l) + R_{j,t}(l) - I_{j,t}(l) - D_{j,t}(l) \rfloor \times F_{eq,j} \times 10^{-3}$$

$FC_j$: FC$_j$ j의 배출량($CO_2-$e ton)

$\rho_j$: 액체 FC$_j$의 밀도(kg/L)

$I_{j,t-1}(l)$: 산정기간 전 액체 FC$_j$의 인벤토리 총량(L)

$P_{j,t}(l)$: 산정기간 중 액체 FC$_j$의 구매량과 회수량의 총합(L)

$N_{j,t}(l)$: 산정기간 중 신설된 설비의 총 충진량(L)

$R_{j,t}(l)$: 산정기간 중 퇴출된 설비와 판매된 설비 충진량의 총합(L)

$I_{j,t}(l)$: 산정기간 말 액체 FC$_j$의 인벤토리 총량(L)

$D_{j,t}(l)$: 산정기간 중 퇴출된 설비잔류로 인해 방출된 FC$_j$ 총량

$F_{eq,j}$: 온실가스(j)의 $CO_2$ 등가계수(GWP)

## 5. 매개변수별 관리 기준

1 반도체/LCD/PV 생산 부문

① 활동자료

*Tier 1*

측정불확도 ±7.5% 이내의 사업장별 제품 생산량 등 활동자료를 사용한다.

### *Tier 2a, 2b*

측정불확도 ±5.0% 이내의 사업장별 FC 가스 사용량 등의 활동자료를 사용한다.

### *Tier 3*

측정불확도 ±2.5% 이내의 사업장별 FC 가스 사용량 등의 활동자료를 사용한다.

② 배출계수

### *Tier 1*

IPCC 가이드라인 기본 배출계수를 사용한다.

| 전자산업 | 배출계수(기판의 단위면적당 질량) | | | | | |
|---|---|---|---|---|---|---|
| | $CF_4$ (PFC-14) | $C_2F_6$ (PFC-116) | $CHF_3$ (HFC-23) | $C_3F_8$ (PFC-218) | $SF_6$ | $C_6F_{14}$ (PFC-51-14) |
| 반도체, kg/m² | 0.9 | 1.0 | 0.04 | 0.05 | 0.2 | NA |
| TFT-FPDs, g/m² | 0.5 | NA | NA | NA | 4.0 | NA |
| PV-cells, g/m² | 5 | 0.2 | NA | NA | NA | NA |

* 출처: 2006 IPCC 국가 인벤토리 작성을 위한 가이드라인

### *Tier 2a*

제46조 제2항에 따른 국가 고유 배출계수(FC가스 사용비율, 부생가스 배출계수 등)를 사용한다. 다만 국가 고유 계수를 사용하지 못할 경우에는 아래의 IPCC 가이드라인 기본 배출계수를 사용한다.

〈반도체 제조 공정의 Tier 2a IPCC 가이드라인 기본 배출계수〉

| 전자산업 | | 배출계수(기판의 단위면적당 질량) | | | | | | |
|---|---|---|---|---|---|---|---|---|
| | | $CF_4$ (PFC-14) | $C_2F_6$ (PFC-116) | $CHF_3$ (HFC-23) | $CH_2F_2$ (HFC-33) | $C_3F_8$ (PFC-218) | $c-C_4F_8$ (PFC-318) | $SF_6$ |
| 1-Ui | | 0.9 | 0.6 | 0.4 | 0.1 | 0.4 | 0.1 | 0.2 |
| 부생가스 배출계수 | $CF_4$ | NA | 0.2 | 0.07 | 0.08 | 0.1 | 0.1 | NA |
| | $C_2F_6$ | NA | NA | NA | NA | NA | 0.1 | NA |
| | $C_3F_8$ | NA | NA | NA | NA | NA | NA | NA |

NA: Not Applicable
* 출처: 2006 IPCC 국가 인벤토리 작성을 위한 가이드라인

〈LCD 제조 공정의 Tier 2a 배출계수〉

| 전자산업 | | 배출계수(기판의 단위면적당 질량) | | | | | | |
|---|---|---|---|---|---|---|---|---|
| | | CF$_4$<br>(PFC - 14) | C$_2$F$_6$<br>(PFC - 116) | CHF$_3$<br>(HFC - 23) | CH$_2$F$_2$<br>(HFC - 33) | C$_3$F$_8$<br>(PFC - 218) | c - C$_4$F$_8$<br>(PFC - 318) | SF$_6$ |
| 1 - Ui | | 0.6 | NA | 0.2 | NA | NA | 0.1 | 0.6 |
| 부생가스<br>배출계수 | CF$_4$ | NA | NA | 0.07 | NA | NA | 0.009 | NA |
| | C$_2$F$_6$ | NA | NA | 0.05 | NA | NA | NA | NA |
| | C$_3$F$_8$ | NA | NA | NA | NA | NA | NA | NA |
| | CHF$_3$ | NA | NA | NA | NA | NA | 0.02 | NA |

NA: Not Applicable
* 출처: 2006 IPCC 국가 인벤토리 작성을 위한 가이드라인

〈PV 제조 공정의 Tier 2a 배출계수〉

| 전자산업 | | 배출계수(기판의 단위면적당 질량) | | | | | | |
|---|---|---|---|---|---|---|---|---|
| | | CF$_4$<br>(PFC - 14) | C$_2$F$_6$<br>(PFC - 116) | CHF$_3$<br>(HFC - 23) | CH$_2$F$_2$<br>(HFC - 33) | C$_3$F$_8$<br>(PFC - 218) | c - C$_4$F$_8$<br>(PFC - 318) | SF$_6$ |
| 1 - Ui | | 0.7 | 0.6 | 0.4 | NA | 0.4 | 0.2 | 0.4 |
| 부생가스<br>배출계수 | CF$_4$ | NA | 0.2 | NA | NA | 0.2 | 0.1 | NA |
| | C$_2$F$_6$ | NA | NA | NA | NA | NA | 0.1 | NA |
| | C$_3$F$_8$ | NA | NA | NA | NA | NA | NA | NA |

NA: Not Applicable
* 출처: 2006 IPCC 국가 인벤토리 작성을 위한 가이드라인

배출제어기술 적용에 따른 FC가스 저감효율은 아래 기본 계수를 이용한다.

| 배출제어기술 | CF$_4$<br>(PFC - 14) | C$_2$F$_6$<br>(PFC - 116) | CHF$_3$<br>(HFC - 23) | C$_3$F$_8$<br>(PFC - 218) | c - C$_4$F$_8$<br>(PFC - 318) | SF$_6$ |
|---|---|---|---|---|---|---|
| 분해(Destruction) | 0.9 | 0.9 | 0.9 | 0.9 | 0.9 | 0.9 |
| 회수/재생 (Capture/Recovery) | 0.75 | 0.9 | 0.9 | NT | NT | 0.9 |

NT: Not Tested
* 출처: 2006 IPCC 국가 인벤토리 작성을 위한 가이드라인

### Tier 2b

제46조 제2항에 따른 국가 고유 배출계수(FC가스 사용비율, 부생가스 배출계수 등)를 사용한다. 다만 국가 고유 계수를 사용하지 못할 경우에는 아래의 IPCC 가이드라인 기본 배출계수를 사용한다.

〈반도체 제조 공정의 Tier 2b 배출계수〉

| 전자산업 | | | 배출계수(기판의 단위면적당 질량) | | | | | | |
| --- | --- | --- | --- | --- | --- | --- | --- | --- | --- |
| | | | $CF_4$<br>(PFC-14) | $C_2F_6$<br>(PFC-116) | $CHF_3$<br>(HFC-23) | $CH_2F_2$<br>(HFC-33) | $C_3F_8$<br>(PFC-218) | $c-C_4F_8$<br>(PFC-318) | $SF_6$ |
| 식각<br>공정 | 1-Ui | | 0.7 | 0.4 | 0.4 | 0.06 | NA | 0.2 | 0.2 |
| | 부생<br>가스<br>배출<br>계수 | $CF_4$ | NA | 0.4 | 0.07 | 0.08 | NA | 0.2 | NA |
| | | $C_2F_6$ | NA | NA | NA | NA | NA | 0.2 | NA |
| | | $C_3F_8$ | NA | NA | NA | NA | NA | NA | NA |
| 증착<br>공정<br>(CVD) | FC 가스 사용<br>비율 | | 0.9 | 0.6 | NA | NA | 0.4 | 0.1 | NA |
| | 부생<br>가스<br>배출<br>계수 | $CF_4$ | NA | 0.1 | NA | NA | 0.1 | 0.1 | NA |
| | | $C_2F_6$ | NA | NA | NA | NA | NA | NA | NA |
| | | $C_3F_8$ | NA | NA | NA | NA | NA | NA | NA |

NA: Not Applicable
* 출처: 2006 IPCC 국가 인벤토리 작성을 위한 가이드라인

〈LCD 제조 공정의 Tier 2b 배출계수〉

| 전자산업 | | | 배출계수(기판의 단위면적당 질량) | | | | | | |
| --- | --- | --- | --- | --- | --- | --- | --- | --- | --- |
| | | | $CF_4$<br>(PFC-14) | $C_2F_6$<br>(PFC-116) | $CHF_3$<br>(HFC-23) | $CH_2F_2$<br>(HFC-33) | $C_3F_8$<br>(PFC-218) | $c-C_4F_8$<br>(PFC-318) | $SF_6$ |
| 식각<br>공정 | 1-Ui | | 0.6 | NA | 0.2 | NA | NA | 0.1 | 0.3 |
| | 부생<br>가스<br>배출<br>계수 | $CF_4$ | NA | NA | 0.07 | NA | NA | 0.009 | NA |
| | | $CHF_3$ | NA | NA | NA | NA | NA | 0.02 | NA |
| | | $C_2F_6$ | NA | NA | 0.05 | NA | NA | NA | NA |
| 증착<br>공정<br>(CVD) | 1-Ui | | NA | NA | NA | NA | NA | NA | 0.9 |
| | 부생<br>가스<br>배출<br>계수 | $CF_4$ | NA | NA | NA | NA | NA | NA | NA |
| | | $C_2F_6$ | NA | NA | NA | NA | NA | NA | NA |
| | | $C_3F_8$ | NA | NA | NA | NA | NA | NA | NA |

NA: Not Applicable
* 출처: 2006 IPCC 국가 인벤토리 작성을 위한 가이드라인

〈PV 제조 공정의 Tier 2b 배출계수〉

| 전자산업 | | | 배출계수(기판의 단위면적당 질량) | | | | | | |
|---|---|---|---|---|---|---|---|---|---|
| | | | $CF_4$<br>(PFC – 14) | $C_2F_6$<br>(PFC – 116) | $CHF_3$<br>(HFC – 23) | $CH_2F_2$<br>(HFC – 33) | $C_3F_8$<br>(PFC – 218) | $c-C_4F_8$<br>(PFC – 318) | $SF_6$ |
| 식각<br>공정 | 1 – Ui | | 0.7 | 0.4 | 0.4 | NA | NA | 0.2 | 0.4 |
| | 부생<br>가스<br>배출<br>계수 | $CF_4$ | NA | 0.2 | NA | NA | NA | 0.1 | NA |
| | | $C_2F_6$ | NA | NA | NA | NA | NA | 0.1 | NA |
| 증착<br>공정<br>(CVD) | 1 – Ui | | NA | 0.6 | NA | NA | 0.1 | 0.1 | 0.4 |
| | 부생<br>가스<br>배출<br>계수 | $CF_4$ | NA | 0.2 | NA | NA | 0.2 | 0.1 | NA |
| | | $C_2F_6$ | NA | NA | NA | NA | NA | NA | NA |
| | | $C_3F_8$ | NA | NA | NA | NA | NA | NA | NA |

NA: Not Applicable
* 출처: 2006 IPCC 국가 인벤토리 작성을 위한 가이드라인

### *Tier 3*

제47조에 따라 사업자가 자체 개발한 고유 배출계수(공정별 FC가스 사용비율, 부생가스 배출계수, 배출저감기술 적용에 따른 저감 효율 등)를 사용한다.

### ② 열전도 유체 부문

#### ① 활동자료

### *Tier 1*

측정불확도 ±7.5% 이내의 사업장별 액체 불소화합물 사용량 등의 활동자료를 사용한다.

### *Tier 2*

측정불확도 ±5.0% 이내의 사업장별 액체 불소화합물 사용량 등의 활동자료를 사용한다.

### *Tier 3*

측정불확도 ±2.5% 이내의 사업장별 액체 불소화합물 사용량 등의 활동자료를 사용한다.

② 배출계수

***Tier 2***

열전도 유체의 증발로 발생하는 배출량 산정식의 Tier 2 방법에 해당하는 배출계수는 존재하지 아니한다.

# PART 09

# 오존층 파괴물질(ODS)의 대체물질 사용 등

[지침] 온실가스·에너지 목표관리 운영 등에 관한 지침
환경부 고시 제2012-103호, 2012년 06월 21일 개정본(R.1)
최초: 환경부 고시 제2011-29호, 2011년 3월 16일 제정(R.0)
[지침의 근거]「저탄소 녹색성장 기본법」제42조 및 같은 법 시행령 제26조

# 제1절 오존파괴물질(ODS)의 대체물질 사용(IPCC 카테고리: 1F)

## 1. 오존파괴 물질 대체물질 사용 개요

불소계 온실가스는 화학 산업이나 전자 산업 등에서 제품 생산 공정 중에 사용되기도 하지만 생산된 설비의 충진물 등 다양한 용도로 소비되기도 한다. 이 장에서 정의하는 오존대체물질은 제품 제작단계에서 주입 또는 사용되는 양을 별도 보고 대상으로 하며, 전기 설비를 제외한 사용단계에서의 탈루성 배출은 보고대상으로 하지 않는다.

### ① 비에어로졸 용매

불소계 온실가스 중에서 HFCs가 몬트리올 의정서에 의해 규제물질로 지정된 CFC-113을 대체하여 용매로 사용되고 있으며 정밀세척, 전자세척, 금속세척, 탈착 시에 주로 사용된다. 가장 흔히 쓰는 용매는 HFC-43-10mee이다. PFCs는 비활성이며 GWP가 높고 기름을 용해하는 능력이 거의 없어서 세척용으로는 거의 사용되지 않는다. 용매는 제품 안에 충진하여 사용하게 되므로 제품의 수명과 배출이 밀접한 관계가 있다.

### ② 에어로졸

에어로졸은 추진제와 용매로 사용되며 즉각 배출로 간주되는데 초기 충진량이 제조 후

1~2년 안에 모두 배출되며 대부분은 판매 후 6개월 안에 모두 배출되기 때문이다. 그러므로 배출량 산정을 위해서는 에어로졸의 초기 충진량을 알아야 한다. 에어로졸 중 추진제로 사용되는 물질은 HFC-134a, HFC-227ea, HFC-152 등이 있고 HFC-245fa, HFC-365mfc, HFC-43-10mee는 용매로 사용된다.

③ 발포제

기존에는 발포제로 대부분 CFCs를 사용해 왔으나 몬트리올 의정서에 의해 CFCs가 규제된 이후 현재는 대체물로 주로 HFCs가 사용되고 있다. HFC-245fa, HFC-365mfc, HFC-227ea, HFC-134a, HFC-152a 등의 물질이 주로 이용된다. 발포제는 불소계 온실가스가 배출되는 과정에 따라 개방형 기포(open-cell)와 폐쇄형 기포(closed-cell)로 구분하는데 HFCs가 제조 과정이나 제조된 직후에 배출되는 것을 개방형 기포, 그렇지 않고 사용 중에 배출되는 것을 폐쇄형 기포로 구분한다. 개방형 기포 발포제는 매트리스, 자동차 시트, 사무용 가구처럼 틀에 넣어 만들어진 제품에 사용되며 폐쇄형 기포 발포제는 다른 제품의 사용 중 절연 용도로 주로 사용된다. 발포 산업에서 사용되는 HFCs는 아래와 같다.

〈표-28〉 발포산업에서 사용되는 HFCs 종류

| Cell Type | Sub-application | HFC Foam Blowing Agent Alternatives | | | |
|---|---|---|---|---|---|
| | | HFC-134a | HFC-152a | HFC-245fa | HFC-365mfc (+HFC-227ea) |
| O P E N | PU Flexible Foam | | | | |
| | PU Flexible Moulded Foam | | | | |
| | Pu Integral Skin Foam | √ | | √ | |
| | PU One Component Foam | √ | √ | | |
| C L O S E D | PU continuous Panel | √ | | √ | √ |
| | PU Discontinuous Panel | √ | | √ | √ |
| | PU Appliance Foam | √ | | √ | √ |
| | PU Injected Foam | √ | | √ | √ |
| | PU Continuous Block | | | √ | √ |
| | PU Discontinuous Block | | | √ | √ |
| | PU Continuous Laminate | | | √ | √ |
| | PU Spray Foam | | | √ | √ |
| | PU Pipe-in-Pipe | √ | | √ | √ |
| | Extruded Polystyrene | √ | √ | | |
| | Phenolic Block | | | √ | √ |
| | Phenolic Laminate | | | √ | √ |

* PU는 Polyurethane의 약자

④ 냉동 및 냉방

기존에 냉장고와 에어컨의 생산 공정 시 냉매 충진물로 사용되어 오던 CFCs와 HCFCs를 대체하여 현재는 주로 HFCs가 사용되고 있다. 냉동과 냉방 시스템은 아래와 같이 세부적으로 6개의 하위용도 영역으로 분류된다.


<냉동 및 냉방 부문의 6가지 하위 용도>
㉠ 가정용(즉, 가계용) 냉동장치
㉡ 자동판매기로부터 슈퍼마켓의 중앙 냉동 장치에 이르는 다양한 유형의 설비를 포함하는 공업용 냉동장치
㉢ 냉각 장치와 냉동 저장, 식품에 사용되는 산업 열펌프, 석유화학 및 기타 산업을 포함하는 산업공정
㉣ 냉동 트럭과 저장고, 대형냉장차, 트럭에 사용되는 설비와 시스템을 포함하는 산업공정
㉤ 건설 및 거주 용도에 대한 공기 대 공기시스템, 열펌프, 그리고 냉각 장치를 포함하는 고정 냉방장치
㉥ 승객용 자동차와 트럭, 버스, 기차에 사용되는 이동식 냉방장치


냉각, 고압 냉각장치와 자동차의 에어컨시스템은 기존에 사용되던 CFC-12를 대체하여 HFC-134a가 사용되고 있으며 고정식 에어컨은 R-407, R-410A 등 HFC 혼합물이 기존의 HCFC-22를 대체하여 사용되고 있다. 상업용 냉각시스템에서도 R-404A, R-507A, R-502와 같은 냉매혼합물이 HCFC-22를 대체하고 있다. 참고로 냉매 혼합물의 구성은 아래 <표-29>과 같다.

〈표-29〉 냉매 혼합물 및 구성물 현황

| 혼합물 | 혼합물 구성물 | 구성비율(%) |
|---|---|---|
| R-400 | CFC-12/CFC-114 | Should be specified[1] |
| R-401A | HCFC-22/HFC-152a/HCFC-124 | (53.0/13.0/34.0) |
| R-401B | HCFC-22/HFC-152a/HCFC-124 | (61.0/11.0/28.0) |
| R-401C | HCFC-22/HFC-152a/HCFC-124 | (33.0/15.0/52.0) |
| R-402A | HFC-125/HC-290/HCFC-22 | (60.0/2.0/38.0) |
| R-402B | HFC-125/HC-290/HCFC-22 | (38.0/2.0/60.0) |
| R-403A | HC-290/HCFC-22/PFC-218 | (5.0/75.0/20.0) |
| R-403B | HC-290/HCFC-22/PFC-218 | (5.0/56.0/39.0) |

| R-404A | HFC-125/HFC-143a/HFC-134a | (44.0/52.0/4.0) |
| R-405A | HCFC-22/ HFC-152a/ HCFC-142b/PFC-318 | (45.0/7.0/5.5/42.5) |
| R-406A | HCFC-22/HC-600a/HCFC-142b | (55.0/14.0/41.0) |
| R-407A | HFC-32/HFC-125/HFC-134a | (20.0/40.0/40.0) |
| R-407B | HFC-32/HFC-125/HFC-134a | (10.0/70.0/20.0) |
| R-407C | HFC-32/HFC-125/HFC-134a | (23.0/25.0/52.0) |
| R-407D | HFC-32/HFC-125/HFC-134a | (15.0/15.0/70.0) |
| R-407E | HFC-32/HFC-125/HFC-134a | (25.0/15.0/60.0) |
| R-408A | HFC-125/HFC-143a/HCFC-22 | (7.0/46.0/47.0) |
| R-409A | HCFC-22/HCFC-124/HCFC-142b | (60.0/25.0/15.0) |
| R-409B | HCFC-22/HCFC-124/HCFC-142b | (65.0/25.0/10.0) |
| R-410A | HFC-32/HFC-125 | (50.0/50.0) |
| R-410B | HFC-32/HFC-125 | (45.0/55.0) |
| R-411A | HC-1270/HCFC-22/HFC-152a | (1.5/87.5/11.0) |
| R-411B | HC-1270/HCFC-22/HFC-152a | (3.0/94.0/3.0) |
| R-411C | HC-1270/HCFC-22/HFC-152a | (3.0/95.5/1.5) |
| R-412A | HCFC-22/PFC-218/HCFC-142b | (70.0/5.0/25.0) |
| R-413A | PFC-218/HFC-134a/HC-600a | (9.0/88.0/3.0) |
| R-414A | HCFC-22/HCFC-124/HC-600a/HCFC-142b | (51.0/28.5/4.0/16.5) |
| R-414B | HCFC-22/HCFC-124/HC-600a/HCFC-142b | (50.0/39.0/1.5/9.5) |
| R-415A | HCFC-22/HFC-152a | (82.0/18.0) |
| R-415B | HCFC-22/HFC-152a | (25.0/75.0) |
| R-416A | HFC-134a/HCFC-124/HC-600 | (59.0/39.5/1.5) |
| R-417A | HFC-125/HFC-134a/HC-600 | (46.6/50.0/3) |
| R-418A | HC-290/HCFC-22/HFC-152a | (1.5/96.0/2.5) |
| R-419A | HFC-125/HFC-134a/HE-E170 | (77.0/19.0/4.0) |
| R-420A | HFC-134a/HCFC-142b | (88.0/12.0) |
| R-421A | HFC-125/HFC-134a | (58.0/42.0) |
| R-421B | HFC-125/HFC-134a | (85.0/15.0) |
| R-422A | HFC-125/HFC-134a/HC-600a | (85.1/11.5/3.4) |
| R-422B | HFC-125/HFC-134a/HC-600a | (55.0/42.0/3.0) |
| R-422C | HFC-125/HFC-134a/HC-600a | (82.0/15.0/3.0) |
| R-500 | CFC-12/HFC-152a | (73.8/26.2) |
| R-501 | HCFC-22/CFC-12 | (75.0/25.0) |
| R-502 | HCFC-22/CFC-115 | (48.8/51.2) |
| R-503 | HFC-23/CFC-13 | (40.1/59.9) |
| R-504 | HFC-32/CFC-115 | (48.2/51.8) |
| R-505 | CFC-12/HCFC-31 | (78.0/22.0) |
| R-506 | CFC-31/CFC-114 | (55.1/44.9) |
| R-507A | HFC-125/HFC-143a | (50.0/50.0) |
| R-508 | A HFC-23/PFC-116 | (39.0/61.0) |
| R-508B | HFC-23/PFC-116 | (46.0/54.0) |
| R-509A | HCFC-22/PFC-218 | (44.0/56.0) |

[1]R-400은 다양한 구성비를 가지고 있으므로 따로 표시해야 함.

⑤ 소방부문

소방 부문에서는 할론에 대한 부분적인 대체물로 HFCs와 PFCs가 사용되며 이동식 설비와 고정식 설비가 있다. 이 부문에서 불소계 온실가스는 전기의 공급원에서 공기조절 시 화재발생원을 관리하기 위해서도 사용되고 실질적인 화재 방재용 설비의 충진물로도 사용되며, 발생되는 온실가스의 종류는 지역적 국가적으로 또는 시기적으로 다르다. 왜냐하면 화재 지압 시의 실제 배출량은 상당히 소량일 것으로 예측하는 반면 비상용 소방 설비의 사용이 증가함에 따라 미래의 잠재적 배출에 대한 뱅크가 축적되기 때문이다. 따라서 소방 부문에서의 온실가스 배출량은 사용된 온실가스의 종류를 확인한 후 사용 및 보관에 따른 배출량도 고려하여 산정해야 한다.

⑥ 전기 설비

전기 설비에는 주로 $SF_6$와 PFCs가 사용되며 송전과 배전 중 전기 설비에서 전기 절연체와 전류 차단제로 사용된다. 전기 설비 부문의 불소계 온실가스는 생산, 설치, 사용, 유지 관리, 폐기의 전 공정에 걸쳐서 배출되므로 배출량 산정 시에는 설비 설치나 $SF_6$ 소비량에만 국한되지 않고 생산 공정과 생산품 유지 관리, 폐기까지 즉각 배출에서 bank까지 고려하여 산정해야 한다. 그리고 불소계 온실가스가 절연체로서 설비 안에 충진되기 때문에 전기 설비의 수출입에 따라 지역 및 국가 간 이동이 빈번하므로 배출량 산정 경계를 명확히 해야 할 필요가 있다.

⑦ 기타 사용

이 외에도 기타 오존파괴물질(ODS) 대체물로 사용되는 HFCs, PFCs 들이 많은데 이러한 부문의 불소계 온실가스 배출은 현재와 전년도의 불소계 온실가스의 판매량을 이용하여 산정하며 정의에 따라 2년 이상의 배출량은 100%가 되어야 한다.

## 2. 배출량 산정방법론

### 1 비에어로졸 용매

#### ① *Tier 1*

보통 용매는 초기 충진량의 100%가 제품을 사용하기 시작한 후 1~2년 내에 모두 배출되므로 즉각 배출로 간주한다. 용매를 충진하는 제품의 수명을 2년으로 가정하고 제품을 사용하기 시작한 첫해에 배출되는 양과 마지막 연도인 2년째에 배출될 것을 모두 고려한 배출계수를 적용한다. 이것이 Tier 1 방법이며 여기에서는 초기량의 50%를 기본 배출계수로 사용하는 것이 타당하다. 기본 배출계수 외에 HFC나 PFC의 연간 용매로서의 판매량을 알아야 배출량을 산정할 수 있다.

$$Emissions_t = S_t \times EF + S_{t-1} \times (1 - EF) - D_{t-1}$$

$Emissions_i$: t년도에 배출된 양(kg)

$S_t$: t년도에 판매된 용매의 양(kg)

$S_{t-1}$: t-1년도에 판매된 용매의 양(kg)

$EF$: 배출 계수(사용한 첫해의 배출률 = 0.5)

$D_{t-1}$: t-1년도에 폐기된 용매의 양(kg)

<유의사항>
제품 제작자는 위 배출량 산정식에서의 보고항목 중 해당 항목을 별지 제8호 서식에 따라 보고한다. 단 여기에서 보고되는 항목은 관리업체의 온실가스 총 배출량에는 합산하지 않는다.

### 2 에어로졸

#### ① Tier 1

에어로졸 제품의 수명이 2년 이하로 가정되기 때문에 초기 충진량의 50%를 기본 배출계수로 사용한다. 그러나 판매 시점을 정의하는 데 유의해야 한다. 그리고 에어로졸은 용

매와 달리 제품 사용 시점을 최종 사용자에게 공급되는 시기로 정의하지 않으므로 회수
나 재활용, 파기 등을 고려하지 않는다.

$$Emissions_t = S_t \times EF + S_{t-1} \times (1 - EF)$$

$Emissions_t$ : 연간 배출량 (kg)

$S_t$ : t년도에 판매된 에어로졸 제품에 포함된 HFC와 PFC의 양(kg)

$S_{t-1}$ : t−1년도에 판매된 에어로졸 제품에 포함된 HFC와 PFC의 양(kg)

$EF$ : 배출계수 (사용한 첫해의 배출률 = 0.5)

<유의사항>
제품 제작자는 위 배출량 산정식에서의 보고항목 중 해당 항목을 별지 제8호 서식에 따라 보고한
다. 단 여기에서 보고되는 항목은 관리업체의 온실가스 총 배출량에는 합산하지 않는다.

③ 발포제

① *Tier I[폐쇄형 기포(closed−cell) 발포제]*

폐쇄형 기포 발포제에 의한 온실가스 배출량을 산정할 때는 연간 발포제 생산에 사용
된 총 HFC의 양과 첫해의 손실계수 및 연간 손실 계수, 폐기 시 발생량을 고려하고 회수
와 파기에 의해 제거되는 양도 제외해 주어야 한다. 그리고 발포제 생산과정에서 제품수
명과 현재 사이에 사용된 불소계 온실가스의 양($Bank_t$)도 포함해야 한다.

$$Emissions_t = M_t \times EF_{FYL} + Bank_t \times EF_{AL} + DL_t - RD_t$$

$Emissions_t$ : t년도의 연간 closed−cell 발포제 의한 배출량(kg/yr)

$M_t$ : t년도에 closed−cell 발포제 생산에 사용된 총 HFC의 양(kg/yr)

$EF_{FYL}$ : 첫해의 손실 배출계수(비율)

$Bank_t$ : closed−cell 발포제 생산과정에서 t−n과 t년 사이의 HFC 몰입량(kg)

$EF_{AL}$ : 연간 손실 배출계수(비율)

$DL_t$ : t년도의 폐기 손실량(kg), 즉, 수명이 다한 제품을 폐기할 때 그 안에 남아있는 불
　　소계 온실가스의 양

$RD_t$ : t년도의 회수나 파기에 의한 HFC 배출 방지량(kg)

$n$: 폐쇄형 기포 발포제의 수명

$t-n$: 발포제 안에서 HFC가 존재하고 있는 총 기간


<유의사항>
제품 제작자는 위 배출량 산정식에서의 보고항목 중 해당 항목을 별지 제8호 서식에 따라 보고한
다. 단 여기에서 보고되는 항목은 관리업체의 온실가스 총 배출량에는 합산하지 않는다.

〈표-30〉 폐쇄형 발포제의 기본배출계수

| 배출계수 | 초깃값 |
| --- | --- |
| 제품수명 | n = 20years |
| 첫해의 손실률 | 10% 순수한 HFC 사용/year<br>(생산 공정 중 재활용 사용에 따라 5%로 떨어지기도 함) |
| 연간 손실률 | 순수한 HFC는 4.5% charge/year |

* 출처: 2006 IPCC 국가 인벤토리 작성을 위한 가이드라인


## ② *Tier I[개방형 기포(open-cell) 발포제]*

개방형 발포제에서는 첫해의 손실 배출계수($EF_{FYL}$)가 100%이므로 위의 폐쇄형 발포제
의 산정식은 아래와 같이 단순화된다.


$$Emissions_t = M_t$$


$Emissions_t$ : t년도에 open-cell 발포제 생산에 따른 배출량(kg)

$M_t$ : t년도에 open-cell 발포제 생산에 사용된 총 HFC의 양(kg)


<유의사항>
제품 제작자는 위 배출량 산정식에서의 보고항목 중 해당 항목을 별지 제8호 서식에 따라 보고한
다. 단, 여기에서 보고되는 항목은 관리업체의 온실가스 총 배출량에는 합산하지 않는다.

## ④ 냉동 및 냉방

### ① *Tier 1*

Tier 2a 방법은 배출계수법으로서 하위용도별 냉동설비의 수명과 전형적인 충진량을 규정해야 하고 냉매 충진 시, 설비 사용 시와 보수 시에 그리고 수명이 다한 시점에 배출계수를 각각 적용해야 한다.

$$E_{total,t} = E_{containers,t} + E_{charge,t} + E_{lifetime,t} + E_{end-of-life,t}$$

$E_{total,t}$: t년도의 냉동 및 냉방 부문의 총 배출량(kg)

$$E_{containers,t} = RM_t \times \frac{c}{100}$$

$E_{containers,t}$: t년도의 HFC 용기에서의 총 배출량(kg)

$RM_t$: t년도의 냉동 사용 부문에 대한 HFC 시장 규모(kg)

$c$: 현재 냉동 시장의 HFC 용기에 대한 배출계수(%)

$$E_{charge,t} = M_t \times \frac{k}{100}$$

$E_{charge,t}$: t년도의 시스템 제조 공정에서의 배출량(kg)

$M_t$: t년도의 새 설비에 충진하는 HFC의 양(kg)

$k$: t년도의 새 설비를 생산할 때 손실되는 HFC에 대한 배출계수(%)

$$E_{lifetime,t} = B_t \times \frac{x}{100}$$

$E_{lifetime,t}$: t년도의 시스템 운전 시의 HFC 배출량(kg)

$B_t$: t년도의 시스템 안에 존재하는 HFC의 bank양(kg)

$x$: t년도의 설비를 운전하거나 유지 보수 시 손실 또는 누출되는 HFC의 연간 배출률(%)

$$E_{end-of-life} = M_{t-d} \times \frac{p}{100} \times (1 - \frac{\eta_{rec,d}}{100})$$

$E_{end-of-life}$: t년도의 시스템 폐기 시의 HFC 배출량(kg)

$M_{t-d}$: t-d년도에 새 시스템 설치 시 처음 충전한 HFC의 양(kg)

$p$: 충전 총량 대비 폐기 시 설비 안에 남은 HFC의 양의 비율(%)

$\eta_{rec,d}$: 폐기 시 회수 효율(%)

<유의사항>
제품 제작자는 위 배출량 산정식에서의 보고항목 중 해당 항목을 별지 제8호 서식에 따라 보고한다. 단 여기에서 보고되는 항목은 관리업체의 온실가스 총 배출량에는 합산하지 않는다.

〈표-31〉 냉동 및 냉방 시스템의 충진량, 수명, 배출계수 추정치

| 하위 용도 | 충진량 (kg) | 수명 (years) | 배출계수 (초기충진율%/year) | | 수명이 다한 후 최종배출량(%) | |
|---|---|---|---|---|---|---|
| 식의 계수 | (M) | (d) | (k) | (x) | (ηrec,d) | (p) |
| | | | 최초 배출량 | 운전 중 배출량 | 회수효율 | 초기 충진 잔량 |
| 가정용 냉장고 | 0.05≤M≤0.5 | 12≤d≤20 | 0.2≤k≤1 | 0.1≤x≤0.5 | 0<ηrec,d<70 | 0<p<80 |
| 상업용 독립형 | 0.2≤M≤6 | 10≤d≤15 | 0.5≤k≤3 | 1≤x≤15 | 0<ηrec,d<70 | 0<p<80 |
| 상업용 중대형 냉장고 | 50≤M≤2,000 | 7≤d≤15 | 0.5≤k≤3 | 10≤x≤35 | 0<ηrec,d<70 | 50<p<100 |
| 수송용 냉장고 | 3≤M≤8 | 6≤d≤9 | 0.2≤k≤1 | 15≤x≤50 | 0<ηrec,d<70 | 0<p<50 |
| 식품가공 및 보관용 산업 냉장고 | 10≤M≤10,000 | 15≤d≤30 | 0.5≤k≤3 | 7≤x≤25 | 0<ηrec,d<90 | 50<p<100 |
| 냉각장치 | 10≤M≤2,000 | 15≤d≤30 | 0.2≤k≤1 | 2≤x≤15 | 0<ηrec,d<95 | 80<p<100 |
| 주거 및 상업용 에어컨(열펌프 포함) | 0.5≤M≤100 | 10≤d≤20 | 0.2≤k≤1 | 1≤x≤10 | 0<ηrec,d<80 | 0<p<80 |
| 차량용 에어컨 | 0.5≤M≤1.5 | 9≤d≤16 | 0.2≤k≤0.5 | 10≤x≤20 | 0<ηrec,d<50 | 0<p<50 |

* 출처: 2006 IPCC 국가 인벤토리 작성을 위한 가이드라인

⑤ 소방

① *Tier 1*

$$Emissions_t = Bank_t \times EF + RRL_t$$

$$Bank_t = \sum_{i=t_0}^{t} (Production_i + Imports_i - Exports_i - Destruction_i - Emissions_{i-1})$$

$$- RRL_t$$

$Emissions_t$: t년도의 소방 설비로부터의 불소계 온실가스 배출량(kg)

$Bank_t$: t년도에 소방 설비로부터의 불소계 온실가스 bank(kg)

$EF$: 매년 소방 설비에서 배출되는 불소계 온실가스의 비율

(사용 중지하거나 폐기한 설비에서의 배출 제외(단위 없음)

$RRL_t$: 회수, 재활용, 폐기 시의 배출량(kg)

$Production_t$: t년간 소방 설비 생산을 위해 새로 제공된(재활용된) 약품량(kg)

$Imports_t$: 소방 설비의 약품 수입량(kg)

$Exports_t$: 소방 설비의 약품 수출량(kg)

$Destruction_t$: 소방 설비 폐기에 의해 수집 및 파기된 약품의 양(kg)

<유의사항>
제품 제작자는 위 배출량 산정식에서의 보고항목 중 해당 항목을 별지 제8호 서식에 따라 보고한
다. 단 여기에서 보고되는 항목은 관리업체의 온실가스 총 배출량에는 합산하지 않는다.

⑥ 전기 설비

〈배출량 산정 방법론〉

① *Tier 1~2*

설비의 정격용량에 따른 $SF_6$와 $PFCs$의 소비량을 추정하여 기본배출계수를 적용한다. 설
치 시의 배출량이 설비 제조나 사용 중에 발생한다고 가정하면 식을 간단히 할 수 있다.

$$Emissions_{total} = Emissions_{menufacturing} + Emissions_{installation}$$
$$+ Emissions_{use} + Emissions_{disposal}$$

$Emissions_{total}$: 전기 설비 부문에서 발생하는 총 배출량(kg)

$Emissions_{manufacturing}$: 생산 배출계수 × 설비 생산 시 소비되는 총 온실가스($SF_6$ 또는 PFCs) 양(kg)

$Emissions_{installation}$: 설치 배출계수 × 지역 내 새로 설치된 설비의 충진 용량(kg)

$Emissions_{use}$: 사용 배출계수 × 설치된 설비의 충진 용량(kg)

$Emissions_{disposal}$: 폐기되는 설비의 충진 용량 × 폐기 시 온실가스($SF_6$ 또는 PFCs)의 잔류 비율(kg)

## ② Tier 3

설비 사용단계의 Tier3 배출량 산정 방법은 아래와 같이 물질수지 접근법을 이용한다.

$$Emissions_{use} = F_{gas,recharge} - F_{gas,recovery}$$

$Emission use$: 설비 사용단계에서 배출되는 온실가스($SF_6$ 또는 PFCs)의 총량(kg)

$F_{gas,\ recharge}$: 사용 중인 설비의 온실가스($SF_6$ 또는 PFCs) 재충전량(kg)

$F_{gas,\ recovery}$: 사용 중인 설비의 온실가스($SF_6$ 또는 PFCs) 회수량(kg)

* $CO_2$ 등가량으로 보고할 경우 온실가스별 $CO_2$ 등가계수(GWP)를 적용하여 환산한다.

〈매개변수별 관리 기준〉

① 활동자료

### Tier 1

측정불확도 ±7.5% 이내의 설비별 충진용량을 활동자료로 사용한다.

### Tier 2

측정불확도 ±5.0% 이내의 설비별 충진용량을 활동자료로 사용한다.

*Tier 3*

측정불확도는 ±2.5% 이내의 재충전량과 회수량을 활동자료로 사용한다.


③ 배출계수

*Tier 1*

아래의 IPCC 가이드라인 기본 배출계수를 사용한다.


〈표-32〉 SF₆가 들어 있는 밀폐 압력 전기 설비(MV개폐기)의 기본배출계수

| 조건 / 지역 | 생 산 (제조업자의 $SF_6$ 소비율) | 사 용 (누출, 파손/아크, 결점, 유지 손실 포함) (설치된 설비의 연간 정격용량 대비 비율) | 폐 기 (폐기 설비의 정격 용량 비율) 수명 (년) | 폐기 시 충진물 잔류율[b] |
|---|---|---|---|---|
| 일본 | 0.29 | 0.007 | Not reported | 0.95 |

* 출처: 2006 IPCC 국가 인벤토리 작성을 위한 가이드라인


〈표-33〉 SF₆가 들어 있는 가스 절연체의 기본배출계수

| 조건 / 지역 | 생 산 (제조업자의 $SF_6$ 소비율) | 사 용 (누출, 파손/아크, 결점, 유지 손실 포함) (설치된 설비의 연간 정격용량 대비 비율) | 폐 기 (폐기 설비의 정격 용량 비율) 수명 (년) | 폐기 시 충진물 잔류율[a] |
|---|---|---|---|---|
| 일본 | 0.29 | 0.007 | Not reported | 0.95 |

* 출처: 2006 IPCC 국가 인벤토리 작성을 위한 가이드라인


〈표-34〉 SF₆가 들어 있는 폐쇄 압력 전기 설비(HV개폐기)의 기본배출계수

| 조건 / 지역 | 생 산 (제조업자의 $SF_6$ 소비율) | 사 용 (누출, 파손/아크 결점, 유지 손실 포함) (설치된 설비의 연간 정격용량 대비 비율) | 폐 기 (폐기 설비의 정격 용량 비율) 수명 (년) | 폐기 시 충진물 잔류율[b] |
|---|---|---|---|---|
| 일본 | 0.29[b] | 0.007 | Not reported | 0.95 |

* 출처: 2006 IPCC 국가 인벤토리 작성을 위한 가이드라인


*Tier 2*

제46조 제2항에 따른 국가 고유 배출계수를 사용한다.

제품(전기설비) 제작자는 위 배출량 산정식에서의 보고항목 중 해당 항목을 별지 제8호 서식에 따라 보고한다. 단 여기에서 보고되는 항목은 관리업체의 온실가스 총 배출량에는 합산하지 않는다. 제품(전기설비) 사용자 중 전기사업자*는 위 배출량 산정식 중 사용에 따른 배출량(*Emission use*)을 계산하여 총 배출량에 포함, 보고하여야 한다.

* 전기사업자란 전기사업법 제2조(정의)에 따른 발전사업자·송전사업자·배전사업자·전기판매사업자 및 구역 전기사업자를 말한다.

### ⑦ 기타 사용

#### ① *Tier 1*

$$Emissions_t = S_t \times EF \times S_{t-1} \times (1 - EF)$$

$Emissions_t$ = t년도의 에어로졸 사용에 따른 배출량(kg)

$S_t$ = t년도에 판매된 HFC와 PFC의 양(kg)

$S_{t-1}$ = t−1년도에 판매된 HFC와 PFC의 양(kg)

$EF$ = 제조 후 첫해에 배출된 불소계 온실가스의 비율(비율)

ODS = 오존 파괴 물질의 대체물


제품 제작자는 위 배출량 산정식에서의 보고항목 중 해당 항목을 별지 제8호 서식에 따라 보고한다. 단 여기에서 보고되는 항목은 관리업체의 온실가스 총 배출량에는 합산하지 않는다.

## 제2절 기타 온실가스 배출 및 사용(IPCC 카테고리: 1G)

### ① 기타 온실가스 배출

자동차 생산공정의 용접설비에 의한 $CO_2$ 배출($CO_2$ 용접, 에틸렌 절단, 아세틸렌 용접 등), 용해공정에서의 산화방지제 사용에 따른 PFCs 배출, 연 제련의 TSL 및 GSL 공정, 아연 생산 중 Fuming 공정에서의 환원제 사용, 동제련 공정 중 환원제, 전극봉, 석회석 등의 사용으로 인한 공정배출 등 이 지침에서 산정방법 등이 제시되지 않은 기타 온실가스 배출에 대해서는 관리업체가 산정방법론을 스스로 제시하여 검증기관의 검증을 거쳐 배출량 등의 산정·보고에 활용하여야 한다(매스밸런스 방식 활용 가능). 환경부장관은 이 지침에 제시되지 않은 기타 온실가스 배출활동의 세부 산정방법론 및 매개변수별 관리기준 등을 고시한다.

2 기타 온실가스 사용

「오존층파괴물질(ODS)의 대체물질의 사용」 부문의 산정방법론과 매개변수 관리기준에 따라 제품의 제작단계에서 보고되는 오존층파괴물질(ODS) 대체물질을 제외한, 온실가스의 기타 사용량은 이 배출활동에서 보고되어야 한다. 예를 들면 냉각·냉동설비 및 소화설비에서의 냉매나 소화제의 충진량(기기 사용에 따른 재충진량을 포함한다, 이하 같다), 치환용 $CO_2$ 구입량 등을 명세서에 포함하여 별도로 보고하여야 한다. 세부적인 명세서의 보고양식은 「별지 제8호 서식」을 따른다. 단 여기에서의 보고되는 항목은 관리업체의 온실가스 총 배출량에는 합산하지 않는다.

# 폐기물 처리과정에서의 온실가스 배출

# 고형폐기물

## 제1절 고형폐기물의 매립(IPCC 카테고리: 6A)

### 1. 배출활동 개요

생활, 사업장 및 기타 고형 폐기물의 매립은 상당량의 메탄($CH_4$)이 발생한다. 메탄은 매립된 폐기물 중 분해 가능한 유기탄소가 수십 년에 걸쳐 서서히 혐기성 분해되며 발생하게 된다. 일정한 조건 하에 메탄 생성은 전적으로 잔존하는 탄소량에 의존하며, 이에 따라 매립 초기에 배출량이 가장 크며, 이후 분해 박테리아에 의해 분해 가능한 탄소가 소비되면서 점차 감소하게 된다. 이러한 분해 과정은 1차 반응을 따른다는 가정을 적용하였으며, 2006 IPCC에 제시된 1차 반응모델(FOD; First Order Decay)을 통하여 고형폐기물 매립시설에서의 메탄 배출량을 산정한다. 또한 1차 반응모델을 적용하기 위해서는 폐기물 성상별 다양한 반감기를 반영해야 하므로, 매립 개시연도부터의 성상별 매립량 자료를 통한 단계적 산정이 필요하며, 과거 자료가 누락되었을 경우에는 타당한 방법론을 통해 누락된 자료를 확보해야 한다.

### 2. 보고 대상 배출시설

고형폐기물 매립의 보고대상 배출시설은 아래와 같으며, 세부내용은 별표 7의 배출활동별 배출시설 개요를 참조한다.

① 차단형 매립시설

② 관리형 매립시설

③ 비관리형 매립시설

## 3. 보고 대상 온실가스

| 구분 | $CO_2$ | $CH_4$ | $N_2O$ |
|---|---|---|---|
| 산정방법론 | − | Tier 1 | − |

## 4. 배출량 산정 방법론

① *Tier 1*

$$CH_4 Emissions_T = \left[\sum_x CH_4 generated_{x,T} - R_T\right] \times (1 - OX) \times F_{eq.j}$$

$$CH_4 generated_{x,T} = DDOCm,decomp_T \times F \times \frac{16}{12}$$

$$DDOCm,decomp_T = DDOCma_{T-1} \times (1 - e^{-k})$$

$$DDOCma_{T-1} = DDOCmd_{T-1} + (DDOCma_{T-2} \times e^{-k})$$

$$DDOCmd_{T-1} = W_{T-1} \times DOC \times DOC_f \times MCF$$

*$CH_4 Emissions_T$*: T년도 메탄 배출량($CO_2-e$ ton/yr)

*$CH_4 generated_T$*: T년도 발생 가능한 최대 메탄배출량(t$CH_4$/yr)

*$R_T$*: T년도에 회수된 메탄량(t$CH_4$/yr)

*$OX$*: 매립지 표면에서의 산화율

*$F_{eq.j}$*: 온실가스(j)의 $CO_2$ 등가계수($CH_4$=21)

*$DDOCm, decomp_T$*: T년도에 혐기적으로 분해된 유기탄소(tC/yr)

*$F$*: 발생 매립가스에 대한 메탄 부피비

*$DDOCma_{T-i}$*: T−1년도 말까지 누적된 유기탄소(tC/yr)

*$k$*: 메탄 발생 속도상수

*$DDOCmd_{T-i}$*: T−1년도에 매립된 혐기적 분해 가능한 유기탄소(tC/yr)

$W$: 폐기물 매립량(tWaste/yr)

$DOC$: 분해 가능한 유기탄소 비율(tC/tWaste)

$DOC_f$: 메탄으로 전환 가능한 DOC 비율

$MCF$: 호기성 분해에 대한 메탄 보정계수

$T$: 산정년도

$x$: 폐기물 성상

다만,

㉠ $\dfrac{R_T}{CH_4 generated_T} \leq 0.75$ 인 경우에는 Tier 1 산정방법에 따라 발생량 및 배출량을 산정한다.

㉡ $\dfrac{R_T}{CH_4 generated_T} > 0.75$ 인 경우에는 배출량은 다음과 같이 적용한다.

$$CH4\ 발생량(CH4 generated T) = \gamma \times 회수량 \times (1/0.75)$$

$\gamma$ : 표준 조건에서 $m^3$과 $tCO_2eq$의 환산계수($\gamma = 6.784 \times 10^{-4} \times 21$)

(단, 무게 단위일 경우 $\gamma = 1.0$)

이 경우, $CH_4$ 배출량 = $CH_4$ generatedT − RT(회수량)

## 5. 매개변수별 관리 기준

① 활동자료(폐기물성상별 매립량, $W$)

활동자료는 1981년 1월 1일 이후 매립된 폐기물에 대해서만 수집한다.

### Tier 1

측정불확도 ±7.5% 이내의 활동자료(반입폐기물의 양)를 사용한다.

폐기물 성상분석을 위한 시료의 채취, 전처리, 시료 분석 방법 등은 「폐기물관리법」 제12조에 따른 「폐기물공정시험기준(환경부 고시 제2009−132호)」에 따라 분기별 1회(각 3, 6, 9, 12월) 이상 실시한다.

*Tier 2*

측정불확도 ±5.0% 이내의 활동자료(반입폐기물의 양)를 사용한다.

폐기물 성상분석을 위한 시료의 채취, 전처리, 시료 분석 방법 등은 「폐기물관리법」 제12조에 따른 「폐기물공정시험기준(환경부 고시 제2009－132호)」에 따라 분기별 1회(각 3, 6, 9, 12월) 이상 실시한다.


㉠ 과거 매립실적자료 추정방법

과거 매립실적자료를 보유하고 있지 않은 생활폐기물 매립장은 다음 3가지 방법 중 시설의 조건 및 매립 이력 등을 기준으로 가장 적합한 방법을 해당 관장기관과 협의하여 결정하도록 한다.

　㉠ 추정연도(과거 매립량 자료가 없는 연도)의 폐기물 매립량은 매년 동일하다고 가정한다(예: 과거 매립총량을 기준으로 추정).

　㉡ 추정연도에 대해, 매년 해당 매립지의 관리 인구, 전국 평균 1인당 폐기물 발생량, 해당 지자체의 매년 폐기물 매립비율(또는 보유자료 중 가장 오래된 연도의 매립비율을 추정연도에 동일 적용)을 다음 식에 따라 계산한다.

$$W_x = POP_x \times WGR_x \times \frac{\% SWDS_x}{100\%}$$

$W_x$: x년도에 매립된 폐기물 양(톤, 습량기준)

$POP_x$: x년도에, 지자체 인구 중 매립지의 관리 인구

$WGR_x$: x년도에 전국 평균 1인당 폐기물 발생량(톤/인/년, 습량기준)

$\%SWDS_x$: x년도에, 해당 지자체의 폐기물 매립비율(또는 보유자료 중 가장 오래된 연도의 매립비율을 추정연도와 동일하다고 가정)

　㉢ 해당 매립지의 이용 가능한 기간의 자료를 근거로 평균 매립량을 산출하여 추정연도에 매년 동일하게 적용한다(예: 최초 매립에서 매립자료를 이용할 수 없는 최근 연도까지의 연간 매립량을 동일하게 적용).

$$WAR = \frac{LFG}{(YrData - YrOpen + 1)}$$

***WAR***: 연평균 폐기물 매립량(톤/년)

***LFG***: 자료가 이용 가능한 기간의 총 매립량(톤)

***YrData***: 자료가 이용 가능한 기간의 최근 연도

***YrOpen***: 자료가 이용 가능한 기간의 가장 오래된 연도

(단, 폐쇄된 매립지의 경우 ***YrOpen***을 산정할 수 있는 자료를 이용할 수 없을 시, 매립지 운영기간을 기본값으로 30년 사용 가능)

※ 주의) 과거 추정된 매립량의 경우, 혼합 폐기물에 관련된 입력변수(DOC, k값 등)를 사용하고, 자료 보유연도는 성상별 입력변수 및 활동자료를 사용하여 배출량을 산정하도록 한다.

② 활동자료(메탄 회수량, *RT*)

### Tier 1

측정불확도 ±5.0% 이내의 메탄 회수량(회수한 LFG 중 순수메탄만을 회수량으로 활용한다) 자료를 사용한다. 다만, 회수된 메탄가스가 외부 공급/판매, 자체 연료 사용 및 Flaring 등으로 처리되기 위한 별도의 측정이 없을 경우는 기본값 $R_T$는 0으로 처리한다.

③ 배출계수(분해 가능한 유기탄소 비율, *DOC*)

### Tier 1

아래 <표-35>의 폐기물 종류 및 성상별 IPCC 가이드라인 기본 배출계수를 사용한다.

〈표-35〉 폐기물 종류 및 성상별 기본 배출계수

| 생활폐기물 | | 사업장 폐기물 | |
|---|---|---|---|
| 폐기물 성상 | DOC 기본값 | 폐기물 성상 | DOC 기본값 |
| 혼합 폐기물(bulk) | 0.14 | 혼합 폐기물(bulk) | 0.15 |
| 종이/판지 | 0.40 | 음식, 음료 및 담배 | 0.15 |
| 섬유 | 0.24 | 섬유 | 0.24 |
| 음식물 | 0.15 | 나무 및 목제품 | 0.43 |
| 목재 | 0.43 | 제지 | 0.40 |
| 정원 및 공원 폐기물 | 0.20 | 석유제품, 용매, 플라스틱 | 0.00 |
| 기저귀 | 0.24 | 고무 | 0.39 |
| 고무 및 가죽 | 0.39 | 건설 및 파쇄 잔재물 | 0.04 |
| 플라스틱 | 0.00 | 기타 | 0.01 |
| 금속 | 0.00 | 하수 슬러지 | 0.05 |
| 유리 | 0.00 | 폐수 슬러지 | 0.09 |
| 기타, 비활성(불연성) | 0.00 | – | – |

*출처: 2006 IPCC 국가 인벤토리 작성을 위한 가이드라인
*비고) '혼합폐기물(bulk)' 기본값은, 과거 매립량 자료의 추정으로 인해 성상확인이 불가능한 경우와 같이 특수한 경우에만 적용 가능하며, 일반적인 경우 성상분석을 통한 폐기물 성상별 기본값을 적용해야 한다.

④ 배출계수(메탄으로 전환 가능한 DOC 비율, $DOC_f$)

*Tier 1*

IPCC 가이드라인 기본값인 0.5를 적용한다.

⑤ 배출계수(메탄 보정계수, $MCF$)

*Tier 1*

아래 <표-36>의 IPCC 가이드라인 기본값을 적용한다.

〈표-36〉 매립시설 유형별 메탄 보정계수

| 매립시설 유형 | MCF 기본값 |
|---|---|
| 관리형 매립지 – 혐기성 | 1.0 |
| 관리형 매립지 – 준호기성 | 0.5 |
| 비관리형 매립지 – 매립고 5m 이상 | 0.8 |
| 비관리형 매립지 – 매립고 5m 미만 | 0.4 |
| 기타 | 0.6 |

* 출처: 2006 IPCC 국가 인벤토리 작성을 위한 가이드라인

⑥ 배출계수(산화율, $OX$)

*Tier 1*

IPCC 가이드라인 기본계수를 사용한다.

〈표-37〉 매립시설 유형별 산화계수

| 매립시설 유형 | OX |
|---|---|
| 토양, 퇴비 등으로 복토되는 매립지 | 0.1 |
| 기타 | 0 |

* 출처: 2006 IPCC 국가 인벤토리 작성을 위한 가이드라인

⑦ 배출계수(메탄 부피비, $F$)

*Tier 1*

IPCC 가이드라인 기본값인 0.5를 적용한다.

⑧ 배출계수(메탄 발생 속도상수, $k$)

*Tier 1*

아래 <표-36>의 IPCC 가이드라인 기본값을 적용한다.

〈표-38〉 폐기물 성상별 메탄 발생 속도상수

| 분해 속도 | 폐기물 성상 | k |
|---|---|---|
| 느림 | 종이/직물(섬유) | 0.06 |
| | 목재/짚 | 0.03 |
| 보통 | 종이, 직물(섬유), 목재, 짚, 음식물, 슬러지를 제외한 폐기물 성상 | 0.10 |
| 빠름 | 음식물/슬러지 | 0.185 |
| | 혼합 폐기물(bulk) | 0.09 |

* 출처: 2006 IPCC 국가 인벤토리 작성을 위한 가이드라인

## 제2절 고형폐기물의 생물학적 처리(IPCC 카테고리: 6B)

### 1. 배출활동 개요

폐기물의 부피감소, 폐기물의 안정화, 폐기물의 병원균 사멸, 바이오 가스 생산 등을 목적으로 이루어지는 유기 고형폐기물의 생물학적 처리에 의해 온실가스가 발생하는 활동을 말한다.

### 2. 보고 대상 배출시설

고형폐기물의 생물학적 처리의 보고대상 배출시설은 아래와 같으며, 세부내용은 별표 7의 배출활동별 배출시설 개요를 참조한다.
① 사료화·퇴비화·소멸화·부숙토생산 시설
② 혐기성 분해시설

### 3. 보고 대상 온실가스

| 구분 | $CO_2$ | $CH_4$ | $N_2O$ |
|---|---|---|---|
| 산정방법론 | − | Tier 1 | Tier 1 |

### 4. 배출량 산정 방법론

① *Tier 1*

$$CH_4 Emissions = \left[\ \sum_i (M_i \times EF_i)\ \times 10^{-3} - R)\right] \times F_{eq.j}$$

*$CH_4 Emissions$*: 고형폐기물의 생물학적 처리 과정에서 배출되는 온실가스($CO_2-e$ ton/yr)

*$Mi$*: 생물학적 처리 유형 i에 의해 처리된 유기폐기물량(tWast/yr)

*$EFi$*: 처리유형 i에 대한 배출계수(g$CH_4$/kgWast)

$i$: 퇴비화, 혐기성 소화 등 처리유형

$R$: 메탄 회수량(tCH$_4$/yr)

$Feq,j$: 온실가스(j)의 CO$_2$ 등가계수(CH$_4$=21)


다만,

㉠ $\dfrac{R_T}{M_i \times EF_i \times 10^{-3}} \leq 0.75$인 경우에는 Tier 1 산정방법에 따라 발생량 및 배출량을 산

정한다.

㉡ $\dfrac{R_T}{M_i \times EF_i \times 10^{-3}} > 0.75$인 경우에는 배출량은 다음과 같이 적용한다.


$$CH4\ 발생량 = \gamma \times 회수량 \times (1/0.75)$$


$\gamma$ : 표준 조건에서 m$^3$과 CO$_2$eq의 환산계수($\gamma = 6.784 \times 10^{-4} \times 21$)

(단, 무게 단위일 경우 $\gamma = 1.0$)

이 경우, CH$_4$ 배출량 = CH$_4$ 발생량 - R (회수량)


$$N_2OEmissions = \sum_i (M_i \times EF_i) \times F_{eq.j} \times 10^{-3}$$


$N_2O\ Emissions$: 고형폐기물의 생물학적 처리 과정에서 배출되는 온실가스(CO$_2$-e ton/yr)

$M_i$: 생물학적 처리 유형 i에 의해 처리된 유기폐기물량(tWaste/yr)

$EF_i$: 처리유형 i에 대한 배출계수(gCH$_4$/kgWaste)

$F_{eq,j}$: 온실가스(j)의 CO$_2$ 등가계수(N$_2$O=310)

$i$: 퇴비화, 혐기성 소화 등 처리유형


## 5. 매개변수별 관리 기준


① 활동자료(처리된 유기폐기물의 양, $Mi$)

### Tier 1

측정불확도 ±7.5% 이내의 처리된 유기폐기물량 자료를 사용한다.

② 활동자료(메탄 회수량, $R$)

*Tier 1*

측정불확도 ±5.0% 이내의 메탄 회수량(회수한 LFG 중 순수메탄만을 회수량으로 활용한다) 자료를 사용한다. 다만, 회수된 메탄가스가 외부 공급/판매, 자체 연료 사용 및 Flaring 등으로 처리되기 위한 별도의 측정이 없을 경우는 기본값 $R_T$는 0으로 처리한다.

③ 배출계수($EF_i$)

*Tier 1*

아래 <표-39>에 따른 처리유형별 IPCC 기본 배출계수를 사용한다.

〈표-39〉 생물학적 처리유형에 따른 $CH_4$, $N_2O$ 기본 배출계수

| 생물학적 처리 유형(i) | $CH_4$ (g−$CH_4$/kg−waste) | | $N_2O$ (g−$N_2O$/kg−waste) | |
|---|---|---|---|---|
| | 건량 기준 | 습량 기준 | 건량 기준 | 습량 기준 |
| 퇴비화 | 10 | 4 | 0.6 | 0.3 |
| 혐기성 소화 | 2 | 1 | 0 | 0 |

# 하수폐수처리



## 제1절 하수폐수처리(IPCC 카테고리: 6D)

### 1. 배출활동 개요

하·폐수는 현장에서 처리되거나, 중앙 집중화된 시설을 통해 처리되며, 처리 과정에서 $CH_4$ 및 $N_2O$를 배출한다. 하·폐수로부터 배출되는 $CO_2$는 생물 기원으로 배출량 산정 시 제외하도록 한다. 하·폐수 처리에서의 $CH_4$는 유기물이 분해되는 과정에서 배출되며, 기본적으로 폐수 내의 분해 가능한 유기물질, 온도, 처리시스템의 유형에 따라 배출량이 변한다. $N_2O$의 경우에는 폐수가 아닌 질소성분(요소, 질산염, 단백질)을 포함한 하수 처리 과정에서 배출되며, 질산화 및 탈질화 작용을 통해 발생하게 된다.

### 2. 보고 대상 배출시설

하폐수 처리 및 배출의 보고대상 배출시설은 아래와 같으며, 세부내용은 별표 7의 배출활동별 배출시설 개요를 참조한다.
① 축산폐수공공처리시설
② 폐수종말처리시설
③ 공공하수처리시설

④ 분뇨처리시설

⑤ 기타 하·폐수처리시설(오수처리시설, 수질오염방지시설)


## 3. 보고 대상 온실가스

| 구분 | CO₂ | CH₄ | N₂O |
|---|---|---|---|
| ① 하수처리 | – | Tier 1 | Tier 1 |
| ② 폐수처리 | – | Tier 1 | – |


## 4. 배출량 산정 방법론

① 하수 처리(하수 및 폐수 동시처리를 포함한다)


① *Tier 1*

$$CH_4 Emissions = [(BOD_{in} - BOD_{out}) \times 10^{-3} \times Q_{in} \times EF - R] \times F_{eq.j} \times 10^{-3}$$


*CH4Emissions*: 하수처리에서 배출되는 $CH_4$ 배출량($CO_2-e$ ton/yr)

*BOD_{in}*: 유입 하수의 $BOD_5$농도, (mgBOD/L)

*BOD_{out}*: 유출 하수의 $BOD_5$농도, (mgBOD/L)

*Q_{in}*: 유입하수량(m³/yr)

*EF*: 배출계수(kgCH₄/kgBOD)

*R*: 메탄 회수량(kgCH₄/yr)

*F_{eq,j}*: 온실가스(j)의 $CO_2$ 등가계수($CH_4$=21)


다만,

㉠ $\dfrac{R}{(BOD_{in} - BOD_{out}) \times 10^{-3} \times Q_{in} \times EF_i} \leq 0.75$인 경우에는 Tier 1 산정방법에 따라

발생량 및 배출량을 산정한다.

㉡ $\dfrac{R}{(BOD_{in} - BOD_{out}) \times 10^{-3} \times Q_{in} \times EF_i} > 0.75$인 경우에는 배출량은 다음과 같이 적

용한다.

$$CH4\ 발생량 = \gamma \times 회수량 \times (1/0.75)$$

$\gamma$ : 표준 조건에서 $m^3$과 $tCO_2eq$의 환산계수($\gamma = 6.784 \times 10^{-4} \times 21$)

(단, 무게 단위일 경우 $\gamma = 1.0$)

이 경우, $CH_4$ 배출량 = $CH_4$ 발생량 $-$ R(회수량)

$$N_2OEmissions = [(TN_{in} - TN_{out}) \times 10^{-3} \times Q_{in} \times EF \times \frac{44}{28}] \times F_{eq,j} \times 10^{-3}$$

$N_2OEmissions$: 하수처리에서 배출되는 $N_2O$배출량($CO_2-e$ ton/yr)

$TN_{in}$: 유입 하수의 총 질소농도, (mgN/L)

$TN_{out}$: 유출 하수의 총 질소농도, (mgN/L)

$Q_{in}$: 유입하수량($m^3$/yr)

$EF$: 아산화질소 배출계수($kgN_2O-N/kgN$)

$F_{eq,j}$: 온실가스(j)의 $CO_2$ 등가계수($N_2O$=310)

② 폐수 처리

① *Tier 1*

$$CH_4Emissions = [(COD_{in} - COD_{out}) \times Q_{in} \times EF \times 10^{-6} - R] \times F_{eq,j}$$

$CH_4Emissions$: 폐수처리에서 배출되는 온실가스($CO_2-e$ ton)

$COD_{in}$: 유입 폐수의 $COD_{Mn}$ 농도, ($mgCOD_{Mn}$/L)

$COD_{out}$: 유출 폐수의 $COD_{Mn}$ 농도, ($mgCOD_{Mn}$/L)

$Q_{in}$: 유입폐수량($m^3$/yr)

$EF$: 배출계수($tCH_4$/tCOD)

$R$: 메탄 회수량($tCH_4$)

$F_{eq,j}$: 온실가스(j)의 $CO_2$ 등가계수($CH_4$=21)

다만,

㉠ $\dfrac{R}{(COD_{in} - COD_{out}) \times Q_{in} \times EF_i \times 10^{-6}} \leq 0.75$ 인 경우에는 Tier 1 산정방법에 따라 발생량 및 배출량을 산정한다.

㉡ $\dfrac{R}{(COD_{in} - COD_{out}) \times Q_{in} \times EF_i \times 10^{-6}} > 0.75$ 인 경우에는 배출량은 다음과 같이 적용한다.

$$CH4\ 발생량 = \gamma \times 회수량 \times (1/0.75)$$

단, 폐수처리장에서 발생되는 메탄을 전량(100%) 회수하여 연료로 사용하는 경우는 검증기관의 검증을 통하여 하·폐수처리 활동에서 보고하지 아니하고 기체연료연소 활동의 산정방법론을 적용하여 산정·보고하도록 한다.

$\gamma$ : 표준 조건에서 $m^3$과 $tCO_2eq$의 환산계수($\gamma = 6.784 \times 10^{-4} \times 21$)

(단, 무게 단위일 경우 $\gamma = 1.0$)

이 경우, $CH_4$ 배출량 = $CH_4$ 발생량 − R(회수량)


## 5. 매개변수별 관리 기준


### ① 하수 처리


### ① 활동자료

**Tier 1**

측정불확도 ±7.5% 이내의 유입 하수량 자료를 사용한다.

측정불확도 ±5.0% 이내의 메탄 회수량 자료를 사용한다. 다만, 회수된 메탄가스가 외부 공급/판매, 자체 연료 사용 및 Flaring 등으로 처리되기 위한 별도의 측정이 없을 경우는 R=0으로 처리한다.

유입 하수의 유입 하수의 BOD$_5$농도(*BODin*), 유출 하수의 BOD$_5$농도(*BODout*), 유입 하수의 총 질소농도(*Nin*) 및 유출 하수의 총 질소농도(*Nout*) 등의 활동자료는 「환경분야 시험·검사에 관한 법률」 제6조에 따른 「수질오염공정시험기준」에 따라 측정하여 사용한다.

② 배출계수

*Tier 1*

IPCC 가이드라인 등 기본 배출계수를 사용한다.

| CH₄ 배출계수('02, 환경부) | N₂O 배출계수(IPCC 가이드라인) |
|---|---|
| 0.01532 kgCH₄/kgBOD | 0.005 kgN₂O/kgN |

② 폐수 처리

① 활동자료

*Tier 1*

측정불확도 ±7.5% 이내의 유입 폐수량 자료를 사용한다.

측정불확도 ±5.0% 이내의 메탄 회수량 자료를 사용한다. 다만, 회수된 메탄가스가 외부 공급/판매, 자체 연료 사용 및 Flaring 등으로 처리되기 위한 별도의 측정이 없을 경우는 R=0으로 처리한다.

유입 폐수의 COD(*CODin*), 유출 폐수의 COD(*CODout*)는 「환경분야 시험·검사에 관한 법률」 제6조에 따른 「수질오염공정시험기준」에 따라 측정하여 사용한다.

② 배출계수

*Tier 1*

아래 <표-38>의 IPCC 가이드라인 기본 배출계수를 적용한다.

〈표-38〉 처리유형별 폐수처리 분야 CH4 배출계수

| 처리 유형 | EF(tCH₄/tCOD) |
|---|---|
| 슬러지의 혐기성 소화조 | 0.2 |
| 혐기성 반응조 | 0.2 |
| 혐기성 라군(2m 이하) | 0.05 |
| 혐기성 라군(2m 초과) | 0.2 |

* 출처: 2006 IPCC 국가 인벤토리 작성을 위한 가이드라인

# 03

# 소각처리

**제1절 폐기물의 소각(IPCC 카테고리: 6C)**

## 1. 배출활동 개요

폐기물 소각시설에서는 고형 및 액상폐기물의 연소로 인해 $CO_2$, $CH_4$ 및 $N_2O$가 배출되며, 소각되는 폐기물 유형은 도시고형폐기물, 사업장폐기물, 지정폐기물, 하수 슬러지 등이다. 단, 바이오매스 폐기물(음식물, 목재 등)의 소각으로 인한 $CO_2$ 배출은 생물학적 배출량이므로 배출량 산정 시 제외되어야 하며, 화석연료로 인한 폐기물(플라스틱, 합성 섬유, 폐유 등)의 소각으로 인한 $CO_2$만 배출량에 포함되어야 한다. 이러한 이유로 폐기물 소각으로 인한 $CO_2$ 배출은 mass$-$balance 방법에 따라 폐기물의 화석탄소함량을 기준으로 산정되며, 그 밖의 non$-CO_2$($CH_4$ 및 $N_2O$)의 경우에는 측정을 통하여 배출량을 산정한다.

## 2. 보고 대상 배출시설

폐기물 소각의 보고대상 배출시설은 아래와 같으며, 세부내용은 별표 7의 배출활동별 배출시설 개요를 참조한다.
① 소각보일러
② 특정폐기물 소각시설

③ 일반폐기물 소각시설

④ 폐가스소각시설

⑤ 적출물 소각시설

⑥ 폐수소각시설


## 3. 보고 대상 온실가스

| 구분 | CO₂ | CH₄ | N₂O |
|---|---|---|---|
| 산정방법론 | Tier 1, 4 | Tier 1 | Tier 1 |


## 4. 배출량 산정 방법론

[1] 폐기물 소각분야 $CO_2$ 배출

① Tier 1

㉠ 고상 폐기물

$$CO_2 Emissions = \sum_i (SW_i \times dm_i \times CF_i \times FCF_i \times OF_i) \times \frac{44}{12}$$

***CO₂ Emissions***: 폐기물 소각에서 발생되는 온실가스 양($tCO_2$/yr)

***SW_i***: 폐기물 성상($i$)별 소각량(tWaste/yr)

***dm_i***: 폐기물 성상($i$)별 건조물질 함량(%)

***CF_i***: 폐기물 성상($i$)별 탄소 함량($tC/t-Waste$)

***FCF_i***: 화석탄소 함유율(%)

***OF_i***: 산화계수(소각효율)

㉡ 액상 폐기물

$$CO_2 Emissions = \sum_i (AL_i \times CL_i \times OF_i) \times \frac{44}{12}$$

$CO_2$ *Emissions*: 폐기물 소각에서 발생되는 온실가스 양(tCO$_2$/yr)

$AL_i$: 액상폐기물의 성상($i$)별 소각량(tWaste/yr)

$CL_i$: 폐기물 성상($i$)별 탄소 함량(tC/t−Waste)

$OF_i$: 산화계수(소각효율)


ⓒ 기상 폐기물

기상 폐기물(폐가스 소각 등) 소각에 따른 배출량 산정방법 및 배출계수 등은 향후 고시한다.


② 폐기물 소각분야 $CH_4$, $N_2O$ 배출


① Tier 1

$$CH_4Emissions = IW \times EF \times F_{eq,j} \times 10^{-3}$$

$$N_2OEmissions = IW \times EF \times F_{eq,j} \times 10^{-3}$$


$CH_4Emissions$: 폐기물 소각에서의 $CH_4$ 배출량(CO$_2$−e ton/yr)

$N_2OEmissions$: 폐기물 소각에서의 $N_2O$ 배출량(CO$_2$−e ton/yr)

$IW$: 총 폐기물 소각량(t/yr)

$EF$: 배출계수(kgCH$_4$/t−waste, kgN$_2$O/t−waste)

$F_{eq,j}$: 온실가스(j)의 CO$_2$ 등가계수($CH_4$=21, $N_2O$=310)


## 5. 매개변수별 관리 기준


① 활동자료(폐기물 성상별 소각량, SW$_i$)

*Tier 1*

측정불확도 ±7.5% 이내의 폐기물성상별 소각량 등의 활동자료를 사용한다. 폐기물 성상분석을 위한 시료채취, 전처리, 시료의 분석은 매월 1회 이상 실시한다.

*Tier 2*

측정불확도 ±5.0% 이내의 폐기물성상별 소각량 등의 활동자료를 사용한다. 폐기물 성상분석을 위한 시료채취, 전처리, 시료의 분석은 매월 1회 이상 실시한다.


*Tier 3*

측정불확도 ±2.5% 이내의 폐기물성상별 소각량 등의 활동자료를 사용한다. 폐기물 성상분석을 위한 시료채취, 전처리, 시료의 분석은 매월 1회 이상 실시한다.


*Tier 4*

연속측정방법(CEM)을 사용한다.


② 배출계수

*Tier 1*

IPCC 가이드라인 기본 배출계수를 사용한다. 산화계수는 1.0을 적용한다.

〈표-40〉 폐기물소각 분야 $CO_2$ 기본 배출계수(dm, CF, FCF)

| 생활폐기물 | | | | 사업장 폐기물 | | | |
|---|---|---|---|---|---|---|---|
| 폐기물 성상 | *dm* | *CF* | *FCF* | 폐기물 성상 | *dm* | *CF* | *FCF* |
| 종이/판지 | 0.9 | 0.46 | 0.01 | 음식, 음료 및 담배 | 0.4 | 0.15 | 0 |
| 섬유 | 0.8 | 0.5 | 0.2 | 섬유 | 0.8 | 0.4 | 0.16 |
| 음식물 | 0.4 | 0.38 | 0 | 나무 및 목제품 | 0.85 | 0.43 | 0 |
| 목재 | 0.85 | 0.5 | 0 | 제지 | 0.9 | 0.41 | 0.01 |
| 정원 및 공원 폐기물 | 0.4 | 0.49 | 0 | 석유제품, 용매, 플라스틱 | 1 | 0.8 | 0.8 |
| 기저귀 | 0.4 | 0.7 | 0.1 | 고무 | 0.84 | 0.56 | 0.17 |
| 고무 및 가죽 | 0.84 | 0.67 | 0.2 | 건설 및 파쇄 잔재물 | 1 | 0.24 | 0.2 |
| 플라스틱 | 1 | 0.75 | 1 | 기타 | 0.9 | 0.04 | 0.03 |
| 금속 | 1 | − | − | 하수 슬러지 | 0.1 | 0.45 | 0 |
| 유리 | 1 | − | − | 폐수 슬러지 | 0.35 | 0.45 | 0 |
| 기타 비활성(불연성) | 0.9 | 0.03 | 1 | 병원성폐기물 | 0.65 | 0.4 | 0.25 |
| | | | | 액상 폐기물 | − | 0.8 | 1.0 |

* 출처: 2006 IPCC 국가 인벤토리 작성을 위한 가이드라인

〈표-41〉 폐기물소각 분야 기본 CH₄ 배출계수

| 소각 기술 | | CH₄ 배출계수(kgCH₄/tWaste) |
|---|---|---|
| 연속식 | 고정상 | 0.0002 |
| | 유동상 | 0 |
| 준연속식 | 고정상 | 0.006 |
| | 유동상 | 0.188 |
| 회분식(배치형) | 고정상 | 0.06 |
| | 유동상 | 0.237 |

* 출처: 2006 IPCC 국가 인벤토리 작성을 위한 가이드라인

〈표-42〉 폐기물소각 분야 기본 N₂O 배출계수

| 폐기물 형태 | N₂O 배출계수(gN₂O/tWaste) |
|---|---|
| 생활폐기물 | 39.8 |
| 사업장폐기물(슬러지 제외) | 113.19 |
| 사업장폐기물(슬러지) | 408.41 |
| 건설폐기물 | 109.57 |
| 지정폐기물(슬러지 제외) | 83.52 |
| 지정폐기물(슬러지) | 408.41 |

* 출처: 환경부문의 온실가스 배출량 조사 및 통계구축, 환경부, 2002

### Tier 2

제46조 제2항에 따른 국가 고유 배출계수를 사용한다.

### Tier 3

제47조에 따라 사업자가 자체 개발한 고유 배출계수를 사용한다.

### Tier 4

연속측정방법(CEM)을 적용한다.

# 바이오매스 항목

**제1절 바이오매스로 취급되는 항목**

[근거] 지침의 [별표 23] 바이오매스로 취급되는 항목(제49조제1항 관련)

## 1. 바이오매스

바이오매스는 농업 작물, 농임산 부산물, 또는 유기성 폐기물 등으로 생물 또는 생물 기원의 모든 유기체 및 유기물을 포함한다. 바이오매스는 바이오 에너지를 생산하기 위한 원료로 사용되기도 하며, 매립시설 및 소각시설 등을 통하여 폐기물로서 처리되기도 한다.

| 형 태 | 항 목 |
| --- | --- |
| 농업 작물 | 유채, 옥수수, 콩, 사탕수수, 고구마 등 |
| 농임산 부산물 | 임목 및 임목부산물, 볏짚, 왕겨, 건초, 수피 등 |
| 유기성 폐기물 | 폐목재, 펄프 및 제지(바이오매스 부문만 해당), 펄프 및 제지 슬러지, 흑액, 동/식물성 기름, 음식물 쓰레기, 축산 분뇨, 하수슬러지, 식물류폐기물 등 |
| 기 타 | 해조류, 조류, 수생식물 등 |

## 2. 바이오 에너지

바이오 에너지는 바이오매스를 원료로 하여 직접연소, 발효, 액화, 가스화, 고형 연료화 등의 변환을 통해 얻어지는 에너지로서, 그 기준과 범위는 『신에너지 및 재생에너지 개발·이용·보급 촉진법 시행령 별표 1』을 따른다. 단, 석유제품 등과 혼합된 경우에는 제1호에서 정의한 바이오매스를 통하여 생산된 부분만을 바이오 에너지로 보며, 구분이 불가능할 경우에는 전체를 바이오매스에서 제외한다.

<주요 바이오 에너지의 종류 및 용도>

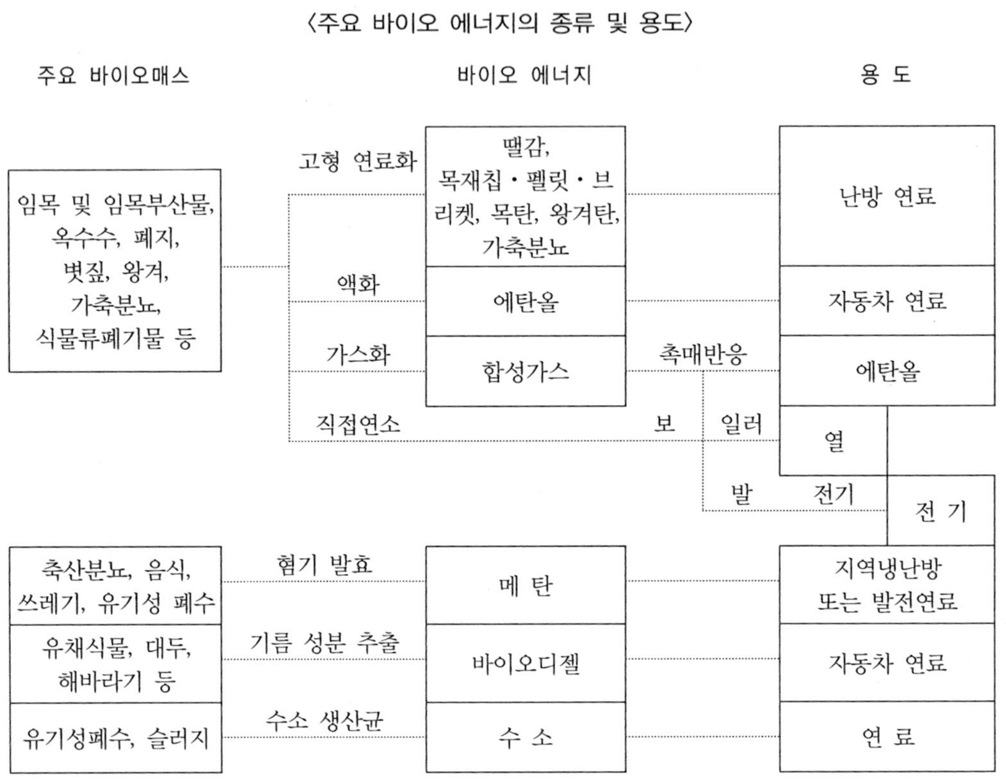


| 형 태 | 항 목 |
| --- | --- |
| 생물유기체변환 | 바이오가스, 바이오에탄올, 바이오액화유 및 합성가스 등 |
| 유기성폐기물변환 | 매립지가스(LFG) 등 |
| 동/식물 유지변환 | 바이오디젤 등 |
| 고체 연료 | 땔감, 목재칩·펠릿·브리켓, 목탄, 가축분뇨 등 |

## 3. 폐기물 에너지 중 바이오매스 부분

폐기물 에너지는 각종 사업장 및 생활시설의 폐기물을 변환시켜 얻어지는 기체·액체 또는 고체의 연료로서, 그 기준은 『신에너지 및 재생에너지 개발·이용·보급 촉진법 시행령 별표 1』을 따른다. 단, 화석탄소 기원의 폐기물(예: 플라스틱, 합성섬유 등) 등과 혼합된 경우에는 제1호에서 정의한 바이오매스 부분만을 포함하며, 구분이 불가능할 경우에는 전체를 바이오매스에서 제외한다.

| 형 태 | 항 목 |
|---|---|
| 폐기물<br>에너지 | RDF, RPF, 폐기물 유화/가스화 등 |

# 온실가스 배출량 적산

[지침] 온실가스·에너지 목표관리 운영 등에 관한 지침
환경부 고시 제2012-103호 2012년 06월 21일 개정본(R.1)
최초: 환경부 고시 제2011-29호, 2011년 3월 16일 제정(R.0)
[지침의 근거] 「저탄소 녹색성장 기본법」 제42조 및 같은 법 시행령 제26조

# 01

# 온실가스 배출량 적산

## 제1절 온실가스 배출량 적산 확인 순서

### 1. 핵심 연료의 사용

1) 연료 구입 관련 자료(증빙)의 확보

구매 확인이 가능한 증빙 데이터를 확보한다.

- 청구서
- 발주서
- 거래명세표(송장)
- 거래사실 확인 가능한 자료(세금계산서, 입금증)

2) 연료 사용 확인

연료 사용 확인이 가능한 자료를 확보한다.

- 출고증
- 투입증
- 생산일보
- 재고조사표

## 3) 연료 사용량 측정의 불확도 확인

연료 사용량이 적절하게 산정되고 있는지 계량 불확도를 확보한다.

- 계량기
- 계량기 검교정 성적서

## 4) 연료사용량 집계

연료사용량을 사용시설별, 계측위치별로 측정하고 사용월보를 작성한다.

- 월간 연료사용량 집계표
- 연간 연료사용량 집계표

## 5) 온실가스 및 에너지 사용량의 산정

- 온실가스 배출량 = 연료사용량 * 순발열량 * 배출계수 * 산화계수$(t-CO_2eq)$
- 에너지 사용량 = 연료사용량 * 총발열량(TJ)

# 제2절 온실가스 배출량 산정 예시

## 1. 무연탄

| □ 데이터 수집 예시(월보) | | | | | | | | | □ 예시(연보) | |
|---|---|---|---|---|---|---|---|---|---|---|
| ( )월 | 투여횟수 1호 | 무연탄 1호 | 투여횟수 2호 | 무연탄 2호 | 투여횟수 3호 | 무연탄 3호 | 투여횟수 4호 | 무연탄 4호 | 무연탄합계 | |
| 13일 | 80 | 6,640 | 78 | 7,878 | 71 | 6,887 | 85 | 8,670 | 30,075 | |
| 14일 | 78 | 6,474 | 77 | 7,777 | 72 | 6,984 | 81 | 8,262 | 29,497 | |
| 15일 | 79 | 6,557 | 78 | 7,878 | 82 | 7,954 | 78 | 7,956 | 30,345 | |
| 16일 | 75 | 6,225 | 75 | 7,575 | 87 | 8,439 | 83 | 8,466 | 30,705 | |
| 17일 | 69 | 5,727 | 75 | 7,575 | 77 | 7,469 | 79 | 8,058 | 28,829 | |
| 18일 | 81 | 5,675 | 84 | 8,484 | 79 | 7,663 | 73 | 7,446 | 29,268 | |
| 19일 | 75 | 7,140 | 78 | 7,956 | 75 | 7,275 | 73 | 7,446 | 29,817 | |
| 20일 | 76 | 6,384 | 76 | 7,752 | 81 | 7,857 | 87 | 8,874 | 30,867 | |
| 21일 | 78 | 6,552 | 78 | 7,956 | 84 | 8,148 | 88 | 9,152 | 31,808 | |
| 22일 | 82 | 6,888 | 72 | 7,344 | 82 | 7,954 | 82 | 8,528 | 30,714 | |
| 23일 | 72 | 6,048 | 61 | 6,222 | 79 | 7,663 | 75 | 7,800 | 27,733 | |
| 24일 | 75 | 6,300 | 64 | 6,568 | 77 | 7,469 | 78 | 8,112 | 28,449 | |
| 25일 | 76 | 6,384 | 75 | 7,650 | 80 | 7,760 | 83 | 8,632 | 30,426 | |
| 26일 | 85 | 7,140 | 83 | 8,670 | 84 | 8,148 | 83 | 8,632 | 32,590 | |
| 27일 | 81 | 6,804 | 75 | 7,650 | 84 | 8,316 | 84 | 8,736 | 31,506 | |
| 28일 | 71 | 5,964 | 63 | 6,426 | 81 | 8,019 | 79 | 8,216 | 28,625 | |
| 29일 | 83 | 6,972 | 77 | 7,854 | 77 | 7,643 | 84 | 8,736 | 31,205 | |
| 30일 | 82 | 6,888 | 44 | 4,488 | 75 | 7,424 | 80 | 8,118 | 26,918 | |
| 31일 | 84 | 7,056 | 47 | 4,794 | 81 | 8,019 | 60 | 6,240 | 26,109 | |
| 합계 | | | | | | | | | 908,368 | |

| ()년 | 사용량 |
|---|---|
| 1월 | 908,368 |
| 2월 | 806,740 |
| 3월 | 933,314 |
| 4월 | 960,461 |
| 5월 | 1,037,298 |
| 6월 | 961,584 |
| 7월 | 924,919 |
| 8월 | 876,409 |
| 9월 | 826,074 |
| 10월 | 1,021,513 |
| 11월 | 984,958 |
| 12월 | 1,162,252 |
| 합계 | 11,403,890.0 |

| □ 무연탄 − 지체 산정 예시(산정) | | | | | | | |

## ► 온실가스 배출량

| 시설번호 - 000 | 사용량 | 순발열량 | 배출계수 | 산화계수 | GWP | 단위환산 | 배출량 |
|---|---|---|---|---|---|---|---|
| | $Q_i$ | $EC_i$ | $EF_{i,j}$ | $f_i$ | $F_{eq,i}$ | | $E_{i,j}$ |
| 수입무연탄-제조업 | kg | MJ / kg | kg-GHG/TJ | | CH4 = 21, N2O=310 | | t CO2-eq |
| CO2==> | 11,403,890.0 | 26.8 | 98,300 | 1 | 1 | 1.E-09 | 30,042.864 |
| CH4==> | 11,403,890.0 | 26.8 | 10 | 1 | 21 | 1.E-09 | 64.181 |
| N2o==> | 11,403,890.0 | 26.8 | 1.5 | 1 | 310 | 1.E-09 | 142.115 |
| 합계==> | 11,403,890.0 | | | | | | 30,249.160 |

## ► 에너지 소비량

| 시설번호 - 000 | 연료 사용량 | 총발열량 | 단위환산 | 사용량 |
|---|---|---|---|---|
| 단위 | kg | MJ / kg | | TJ |
| 에너지 소비량 | 11,403,890.0 | 27.4 | 1.E-06 | 312.47 |

## 2. 정재유

| □ 정재유 사용 예시(연월보 형태) | | | | | | |
|---|---|---|---|---|---|---|
| | 1월 | 5월 | 6월 | 7월 | 11월 | 12월 |
| 1일 | 7,636 | 9,406 | 7,353 | 9,687 | 6,987 | 6,854 |
| 2일 | 8,771 | 9,424 | 5,953 | 9,480 | 7,445 | 6,722 |
| 3일 | 9,111 | 9,335 | 8,942 | 9,618 | 7,586 | 6,632 |
| 4일 | 10,031 | 9,293 | 9,114 | 9,135 | 7,773 | 7,428 |
| 5일 | 8,948 | 8,989 | 9,292 | 8,817 | 7,686 | 6,863 |
| 6일 | 9,008 | 9,299 | 9,375 | 8,764 | 7,467 | 7,281 |
| 7일 | 8,941 | 9,392 | 9,322 | 8,557 | 7,551 | 7,252 |
| 28일 | 9,028 | 9,298 | 9,834 | 9,423 | 5,105 | 7,134 |
| 29일 | 9,589 | 9,300 | 9,711 | 9,562 | 7,306 | 6,955 |
| 30일 | 9,243 | 9,254 | 9,231 | 9,354 | 7,196 | 7,201 |
| 31일 | 9,324 | 9,324 | | 9,095 | | 6,770 |
| 합계 | 281,097 | 289,276 | 278,206 | 277,754 | 218,167 | 219,204 |
| 연간합계 | | | | | | 2,858,515 |

〈상기표는 일별, 월별 관리형태임〉

□ 정재유 – 온실가스 배출량 산정 보고

**9. 배출활동별 배출량 현황 (고정 연소 분야)**

| 배출활동[참고1] | 코드 | 1 | 0 | 0 | 3 | 배출활동명 | 액체연료연소 | | |
|---|---|---|---|---|---|---|---|---|---|
| 배출시설[참고2] | 일련번호 | 005 | | | | 배출시설명 | 소성시설(kiln) (소성로 #5(정제유로)) | 배출구(굴뚝) 번호 | 굴뚝자체번호 |

| 연료코드 | | 혼합연료정보 | |
|---|---|---|---|
| 3 | 7 | ㄱ 자체분석<br>ㄴ 시험기관 | |
| 연료명1 | 구분 | 성분(%) | |
| 기타석유제품(기타) | | | |

계산법 (Tier 1 □ Tier 2 □ Tier 3 □ )

| 입력항목 | 단위 | 값 | 적용 Tier | 불확도 (%) | 배출량 CO2 [ton] | CH4 [kg] | N2O [kg] | HFCs [kg] | PFCs [kg] | SF6 [kg] | CO2-eq [ton] |
|---|---|---|---|---|---|---|---|---|---|---|---|
| 연료사용량 | ton | 2,958.515 | 1 | 0.8 | 8,423.072 | 344.787 | 68.947 | | | | 8,451.695 |
| CO2 배출계수 | kgGHG/TJ | 73,300. | 1 | | | | | | | | |
| CH4 배출계수 | kgGHG/TJ | 3. | 1 | | | | | | | | |
| N2O 배출계수 | kgGHG/TJ | .6 | 1 | | | | | | | | |
| 총발열량 | TJ/Gg | 40.2 | 2 | | | | | | | | |
| 순발열량 | TJ/Gg | 40.2 | 2 | | | | | | | | |
| 산화계수 | 0~1사이 | 1. | 1 | | | | | | | | |
| 합계(CO2-eq ton) | | | | | 8,423.072 | 7.238 | 21.374 | | | | 8,451.695 |

## 3. 경유

□ 이동연소 배출량의 산정(월간 활동데이터 합계)

**( )년 이동연소 연료사용량**

| 분류 | 차 종 | 1월 | 2월 | 3월 | 4월 | 5월 | 6월 | 7월 | 8월 | 9월 | 10월 | 11월 | 12월 | 합 계 |
|---|---|---|---|---|---|---|---|---|---|---|---|---|---|---|
| 승용 | 테라칸 | 347 | 380 | 394 | 313 | 417 | 274 | 67 | 20 | 0 | | | | |
| | (외부 주유소) | 60 | | 71 | 344 | 289 | 154 | 269 | 236 | 168 | 256 | 269 | 264 | |
| | 합 계 | 407 | 380 | 465 | 657 | 706 | 428 | 336 | 256 | 168 | 256 | 269 | 264 | 4,593 |
| 승합 | 통근차 | 291 | 291 | 317 | 260 | 264 | 350 | 308 | 314 | 306 | 325 | 344 | 299 | |
| | 6밴(6585) | 0 | 101 | 170 | 121 | 124 | 79 | 40 | 83 | 86 | 83 | 66 | 83 | |
| | (외부 주유소) | 62 | | | 39 | 41 | | 23 | 42 | | | | | |
| | 합 계 | 353 | 392 | 487 | 420 | 429 | 429 | 371 | 439 | 392 | 408 | 410 | 382 | 4,912 |
| 화물 | 살수차 | 0 | 0 | 40 | 86 | 30 | 69 | 0 | 61 | 31 | 43 | 86 | 78 | |
| | 카고크레인 | 0 | 0 | 25 | 0 | 57 | 0 | 28 | 42 | 71 | 0 | 40 | 63 | |
| | 덤프(2577) | 1023 | 940 | 1,230 | 620 | 1,110 | 1,787 | 1,560 | 2,050 | 1,660 | 1,680 | 1,130 | 1,630 | |
| | (외부 주유기) | | | 220 | | | 127 | 300 | | 42 | | | | |
| | 합 계 | 1023 | 940 | 1515 | 706 | 1197 | 1983 | 1888 | 2153 | 1804 | 1723 | 1256 | 1771 | 17,959 |
| 비도로 | 기타 | 6 | 0 | 20 | 453 | 61 | 0 | 29 | 0 | 0 | 0 | 240 | 39 | |
| | D45S-2 | 542 | 611 | 712 | 564 | 660 | 643 | 654 | 736 | 639 | 754 | 629 | 736 | |
| | D45S-2 | 282 | 254 | 287 | 136 | 276 | 213 | 195 | 199 | 198 | 266 | 337 | 346 | |
| | 볼보 L120F | 2380 | 2,700 | 3,111 | 2,322 | 2,355 | 2,137 | 1,955 | 2,156 | 1,980 | 2,105 | 1,951 | 2,543 | |
| | L150G | | | | | | | | | | 480 | 1,601 | 2,352 | |
| | L150E | 2070 | 1,250 | 2,100 | 1,610 | 1,812 | 1,880 | 2,250 | 1,940 | 1,770 | 1,811 | 0 | 0 | |
| | 굴삭기 | 831 | 0 | 660 | 400 | 700 | 0 | 400 | 400 | 330 | 456 | 400 | 505 | |
| | 암포장전기 | | 58 | 47 | 59 | 70 | 55 | 876 | 1,029 | 873 | 837 | 800 | 1,123 | |
| (외부 주유기) | | 1201 | | | 524 | | | 460 | | | | | | |
| 합 계 | | 7312 | 4873 | 6937 | 6068 | 5934 | 4928 | 6819 | 6460 | 5790 | 6709 | 5958 | 7644 | 75,432 |

| 분류 | 차 종 | 1월 | 2월 | 3월 | 4월 | 5월 | 6월 | 7월 | 8월 | 9월 | 10월 | 11월 | 12월 | 합 계 |
|---|---|---|---|---|---|---|---|---|---|---|---|---|---|---|
| 휘발유 | 승용 | 693.9 | 494 | 586 | 582 | 588 | 622 | 508 | 568 | 653 | 583 | 602 | 565 | 7,044 |

## □ 경유(승합차량) - 온실가스 배출량 산정 보고

**11. 배출활동별 배출량 현황 (이동 연소 분야 - 도로 및 비도로)**

| 배출활동[참고1] | | | 코드 | 2002 | 배출활동명 | | 이동연소(도로) | | | | | | |
| 배출시설[참고2] | | | 일련번호 | 008 | 배출시설명 | | 승합 자동차 (승합차) | | | | | | |
| 차량종류 | 연료종류 [참고3] | 혼합연료 정보 | 입력항목 | 단위 | 값 | 적용Tier | 불확도 (%) | CO2 [ton] | CH4 [kg] | N2O [kg] | HFCs [kg] | PFCs [kg] | SF6 [kg] | CO2-eq [ton] |
|---|---|---|---|---|---|---|---|---|---|---|---|---|---|---|
| | 20 | ☐ 자체분석 | 연료사용량 | ℓ | 4,912 | 1 | 0.3 | 12.885 | 0.678 | 0.678 | | | | 13.106 |
| | | ☐ 시행기관 | CO2 배출계수 | kgGHG/TJ | 74,100. | 1 | | | | | | | | |
| | 연료명1 | 구분 / 성분(%) | CH4 배출계수 | kgGHG/TJ | 3.9 | 1 | | | | | | | | |
| | 가스/디젤 오일 (경유) | | N2O 배출계수 | kgGHG/TJ | 3.9 | 1 | | | | | | | | |
| | | | 총발열량 | TJ/1000㎥ | 37.8 | 2 | | | | | | | | |
| | | | 순발열량 | TJ/1000㎥ | 35.4 | 2 | | | | | | | | |
| 합계(CO2-eq ton) | | | | | | | | 12.885 | 0.014 | 0.21 | | | | 13.106 |

계산법 (Tier 1 ☐   Tier 2 ☐   Tier 3 ☐ )

## 4. 휘발유

### □ 휘발유 - 사용량 데이터

## 자재 구매 이력

| 입고일 | 거래처 | 거래내용 | 규격 | 수량 | 단가 | 금액 | 용도 | 분류 |
|---|---|---|---|---|---|---|---|---|
| 11-1-20 | 오일세상 | 무연 | | 1 | 101,818 | 101,818 | 부사장님(9792)운용용 | 관리 |
| 11-1-18 | 오일세상 | 무연 | | 1 | 83,636 | 83,636 | 부사장님(9792)운용용 | 관리 |
| 11-1-17 | 오일세상 | 무연 | | 1 | 79,091 | 79,091 | 회장님(9166)운용용 | 관리 |
| 11-1-14 | 오일세상 | 무연 | | 1 | 110,000 | 110,000 | 부사장님(9792)운용용 | 관리 |
| 11-1-14 | 오일세상 | 무연 | | 1 | 86,364 | 86,364 | 회장님(9166)운용용 | 관리 |
| 11-1-11 | 오일세상 | 무연 | | 1 | 109,091 | 109,091 | 부사장님(9792)운용용 | 관리 |
| 11-1-11 | 오일세상 | 무연 | | 1 | 49,091 | 49,091 | 회장님(9166)운용용 | 관리 |
| 11-1-10 | 오일세상 | 무연 | | 1 | 78,182 | 78,182 | 부사장님(9792)운용용 | 관리 |
| 11-1-6 | 오일세상 | 무연 | | 1 | 95,455 | 95,455 | 부사장님(9792)운용용 | 관리 |
| 11-1-5 | 오일세상 | 무연 | | 1 | 92,727 | 92,727 | 회장님(9166)운용용 | 관리 |
| 11-1-3 | 오일세상 | 무연 | | 1 | 76,364 | 76,364 | 회장님(9166)운용용 | 관리 |
| 합 계 | | | | | | 1,240,000 | 693.90 | |
| 합 계 | | | | | | | 7,043.61 | |

| 분류 | 차종 | 1월 | 2월 | 3월 | 4월 | 5월 | 6월 | 7월 | 8월 | 9월 | 10월 | 11월 | 12월 | 합계 |
|---|---|---|---|---|---|---|---|---|---|---|---|---|---|---|
| 휘발유 | 승용 | 693.9 | 494.0 | 585.6 | 582.3 | 587.8 | 621.9 | 507.9 | 567.9 | 652.7 | 582.9 | 602.3 | 564.5 | 7,043.6 |
| | (주유기) | | | | | | | | | | | | | |
| 합 계 | | 694 | 494 | 586 | 582 | 588 | 622 | 508 | 568 | 653 | 583 | 602 | 565 | |

# □ 휘발유 – 온실가스 배출량 산정 보고

**II. 배출활동별 배출량 현황 (이동 연소 분야 – 도로 및 비도로)**

| 배출활동[참고1] | | | 코드 | 2002 | 배출활동명 | 이동연소(도로) |
|---|---|---|---|---|---|---|
| 배출시설[참고2] | | | 일련번호 | 006 | 배출시설명 | 승용 자동차 (승용(휘발유)) |

| 차량종류 | 연료종류 [참고3] | 혼합연료 정보 | | 계산법 (Tier 1 □    Tier 2 □    Tier 3 □ ) | | | | | 배출량 [ton] | | | | | | |
|---|---|---|---|---|---|---|---|---|---|---|---|---|---|---|---|
| | | | | 입력항목 | 단위 | 값 | 적용Tier | 불확도 (%) | CO2 [ton] | CH4 [kg] | N2O [kg] | HFCs [kg] | PFCs [kg] | SF6 [kg] | CO2-eq [ton] |
| | 14 | □ 자체분석 | | 연료사용량 | ℓ | 7,048 | 1 | 0.3 | 15.13 | 5.458 | 1.747 | | | | 15.731 |
| | | □ 시행기관 | | CO2 배출계수 | kgGHG/TJ | 69,300. | 1 | | | | | | | | |
| | 연료명1 | 구분 | 성분(%) | CH4 배출계수 | kgGHG/TJ | 25. | 1 | | | | | | | | |
| | 휘발유 | | | N2O 배출계수 | kgGHG/TJ | 8. | 1 | | | | | | | | |
| | | | | 총발열량 | TJ/1000㎥ | 33.5 | 2 | | | | | | | | |
| | | | | 순발열량 | TJ/1000㎥ | 31. | 2 | | | | | | | | |
| | | | | 합계(CO2-eq ton) | | | | | 15.13 | 0.115 | 0.541 | | | | 15.731 |

## 5. LPG

<table>
<tr><td colspan="11" align="center">□ LPG 구매 – 데이터 입력</td></tr>
<tr><td colspan="11" align="center">자재 구매 이력</td></tr>
<tr><th>업고일</th><th>거래처</th><th>거래내용</th><th>규격(Kg)</th><th>수량</th><th>무게(kg)</th><th>단가</th><th>금액</th><th>용도</th><th>분류</th></tr>
<tr><td>11-12-14</td><td>북면가스</td><td>LPG</td><td>40</td><td>2</td><td>80</td><td>36,364</td><td>72,727</td><td>식당운용용</td><td>관리</td></tr>
<tr><td>11-11-29</td><td>북면가스</td><td>LPG</td><td>40</td><td>2</td><td>80</td><td>36,363</td><td>72,727</td><td>식당운용용</td><td>관리</td></tr>
<tr><td>11-11-15</td><td>북면가스</td><td>LPG</td><td>40</td><td>1</td><td>40</td><td>36,363</td><td>36,363</td><td>공무운용용</td><td>공무</td></tr>
<tr><td>11-10-27</td><td>북면가스</td><td>LPG</td><td>40</td><td>2</td><td>80</td><td>37,273</td><td>74,546</td><td>식당운용용</td><td>관리</td></tr>
<tr><td>11-10-20</td><td>북면가스</td><td>LPG</td><td>40</td><td>1</td><td>40</td><td>37,272</td><td>37,272</td><td>공무운용용</td><td>공무</td></tr>
<tr><td>11-9-30</td><td>북면가스</td><td>LPG</td><td>40</td><td>2</td><td>80</td><td>37,273</td><td>74,546</td><td>식당운용용</td><td>관리</td></tr>
<tr><td>11-8-24</td><td>북면가스</td><td>LPG</td><td>40</td><td>2</td><td>80</td><td>37,273</td><td>74,545</td><td>식당운용용</td><td>관리</td></tr>
<tr><td>11-8-16</td><td>북면가스</td><td>LPG</td><td>40</td><td>3</td><td>120</td><td>37,273</td><td>111,818</td><td>공무운용용</td><td>공무</td></tr>
<tr><td>11-7-18</td><td>북면가스</td><td>LPG</td><td>40</td><td>2</td><td>80</td><td>38,182</td><td>76,364</td><td>식당운용용</td><td>관리</td></tr>
<tr><td>11-7-7</td><td>북면가스</td><td>LPG</td><td>40</td><td>2</td><td>80</td><td>38,182</td><td>76,364</td><td>공무운용용</td><td>공무</td></tr>
<tr><td>11-6-15</td><td>북면가스</td><td>LPG</td><td>40</td><td>2</td><td>80</td><td>39,091</td><td>78,181</td><td>공무운용용</td><td>공무</td></tr>
<tr><td>11-6-13</td><td>북면가스</td><td>LPG</td><td>40</td><td>2</td><td>80</td><td>39,091</td><td>78,181</td><td>식당운용용</td><td>관리</td></tr>
<tr><td>11-5-27</td><td>북면가스</td><td>LPG</td><td>40</td><td>1</td><td>40</td><td>37,273</td><td>37,273</td><td>공장보수용</td><td>공무</td></tr>
<tr><td>11-5-7</td><td>북면가스</td><td>LPG</td><td>40</td><td>1</td><td>40</td><td>37,273</td><td>37,273</td><td>공장보수용</td><td>공무</td></tr>
<tr><td>11-4-26</td><td>북면가스</td><td>LPG</td><td>40</td><td>1</td><td>40</td><td>37,273</td><td>37,273</td><td>공무운용용</td><td>공무</td></tr>
<tr><td>11-4-22</td><td>북면가스</td><td>LPG</td><td>40</td><td>2</td><td>80</td><td>37,272</td><td>74,543</td><td>식당운용용</td><td>관리</td></tr>
<tr><td>11-4-20</td><td>북면가스</td><td>LPG</td><td>40</td><td>1</td><td>40</td><td>37,273</td><td>37,273</td><td>공무운용용</td><td>공무</td></tr>
<tr><td>11-4-13</td><td>북면가스</td><td>LPG</td><td>40</td><td>2</td><td>80</td><td>37,273</td><td>74,546</td><td>공무운용용</td><td>공무</td></tr>
<tr><td>11-4-4</td><td>북면가스</td><td>LPG</td><td>40</td><td>1</td><td>40</td><td>37,273</td><td>37,273</td><td>공무운용용</td><td>공무</td></tr>
<tr><td>11-4-4</td><td>북면가스</td><td>LPG</td><td>40</td><td>2</td><td>80</td><td>37,273</td><td>74,546</td><td>식당운용용</td><td>관리</td></tr>
<tr><td>11-3-15</td><td>북면가스</td><td>LPG</td><td>40</td><td>2</td><td>80</td><td>37,273</td><td>74,545</td><td>공무운용용</td><td>공무</td></tr>
<tr><td>11-3-8</td><td>북면가스</td><td>LPG</td><td>40</td><td>2</td><td>80</td><td>37,273</td><td>74,545</td><td>식당운용용</td><td>관리</td></tr>
<tr><td>11-2-28</td><td>북면가스</td><td>LPG</td><td>40</td><td>2</td><td>80</td><td>37,273</td><td>74,545</td><td>공무운용용</td><td>공무</td></tr>
<tr><td>11-2-14</td><td>북면가스</td><td>LPG</td><td>40</td><td>1</td><td>40</td><td>37,273</td><td>37,273</td><td>공무운용용</td><td>공무</td></tr>
<tr><td>11-2-8</td><td>북면가스</td><td>LPG</td><td>40</td><td>2</td><td>80</td><td>37,273</td><td>74,545</td><td>식당운용용</td><td>관리</td></tr>
<tr><td>11-1-26</td><td>북면가스</td><td>LPG</td><td>40</td><td>2</td><td>80</td><td>37,273</td><td>74,545</td><td>공무운용용</td><td>공무</td></tr>
<tr><td>11-1-18</td><td>북면가스</td><td>LPG</td><td>40</td><td>2</td><td>80</td><td>37,273</td><td>74,545</td><td>공무운용용</td><td>공무</td></tr>
<tr><td>11-1-12</td><td>북면가스</td><td>LPG</td><td>40</td><td>2</td><td>80</td><td>37,273</td><td>74,545</td><td>식당운용용</td><td>관리</td></tr>
<tr><td>11-1-4</td><td>북면가스</td><td>LPG</td><td>40</td><td>2</td><td>80</td><td>37,273</td><td>74,545</td><td>공무운용용</td><td>공무</td></tr>
</table>

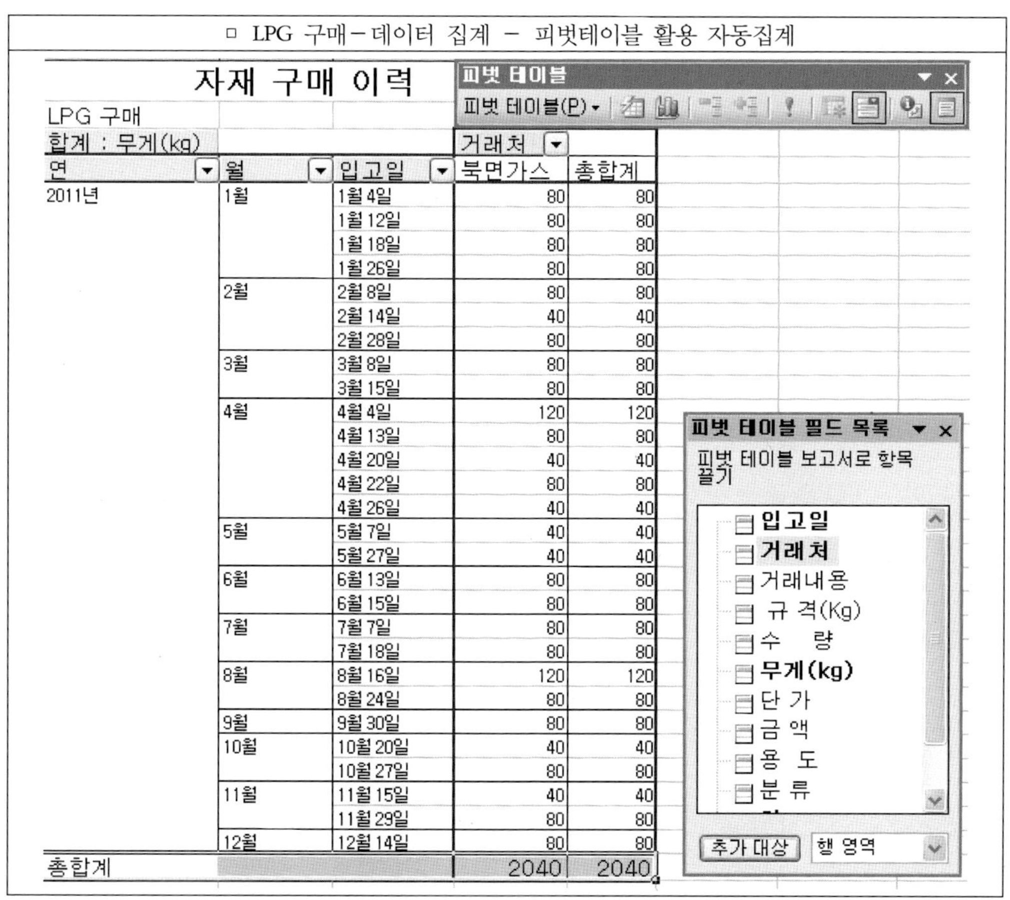



LPG 구매
합계 : 무게(kg)

| 연 | 월 | 입고일 | 북면가스 | 총합계 |
|---|---|---|---|---|
| 2011년 | 1월 | 1월 4일 | 80 | 80 |
|  |  | 1월 12일 | 80 | 80 |
|  |  | 1월 18일 | 80 | 80 |
|  |  | 1월 26일 | 80 | 80 |
|  | 2월 | 2월 8일 | 80 | 80 |
|  |  | 2월 14일 | 40 | 40 |
|  |  | 2월 28일 | 80 | 80 |
|  | 3월 | 3월 8일 | 80 | 80 |
|  |  | 3월 15일 | 80 | 80 |
|  | 4월 | 4월 4일 | 120 | 120 |
|  |  | 4월 13일 | 80 | 80 |
|  |  | 4월 20일 | 40 | 40 |
|  |  | 4월 22일 | 80 | 80 |
|  |  | 4월 26일 | 40 | 40 |
|  | 5월 | 5월 7일 | 40 | 40 |
|  |  | 5월 27일 | 40 | 40 |
|  | 6월 | 6월 13일 | 80 | 80 |
|  |  | 6월 15일 | 80 | 80 |
|  | 7월 | 7월 7일 | 80 | 80 |
|  |  | 7월 18일 | 80 | 80 |
|  | 8월 | 8월 16일 | 120 | 120 |
|  |  | 8월 24일 | 80 | 80 |
|  | 9월 | 9월 30일 | 80 | 80 |
|  | 10월 | 10월 20일 | 40 | 40 |
|  |  | 10월 27일 | 80 | 80 |
|  | 11월 | 11월 15일 | 40 | 40 |
|  |  | 11월 29일 | 80 | 80 |
|  | 12월 | 12월 14일 | 80 | 80 |
| 총합계 |  |  | 2040 | 2040 |



□ LPG 사용량 − 온실가스 배출량 산정 보고

**9. 배출활동별 배출량 현황 (고정 연소 분야)**

| 배출활동[참고1] | 코드 | 1 | 0 | 0 | 3 | 배출활동명 | 액체연료연소 | | | |
|---|---|---|---|---|---|---|---|---|---|---|
| 배출시설[참고2] | 일련번호 | 011 | | | | 배출시설명 | 기타 (식당 취사용 및 기타) | 배출구(굴뚝) 번호 |  | 굴뚝가 계번호 |

계산법 (Tier 1 □   Tier 2 □   Tier 3 □ )

| 연료코드 | | 혼합연료정보 | | | 입력항목 | 단위 | 값 | 적용 Tier | 불확도 (%) | CO2 [ton] | CH4 [kg] | N2O [kg] | HFCs [kg] | PFCs [kg] | SF6 [kg] | CO2-eq [ton] |
|---|---|---|---|---|---|---|---|---|---|---|---|---|---|---|---|---|
| 2 | 2 | ㄱ 자체분석 ㄴ 시험기관 | | | 연료사용량 | ㎘ | 1.06 | 1 | 0.6 | 3.097 | 0.048 | 0.005 | | | | 3.096 |
| 연료명1 | | 구분 | 성분(%) | | CO2 배출계수 | kgGHG/TJ | 63.100 | 1 | | | | | | | | |
| | | | | | CH4 배출계수 | kgGHG/TJ | 1. | 1 | | | | | | | | |
| 액화석유가스(LPG ) | | | | | N2O 배출계수 | kgGHG/TJ | .1 | 1 | | | | | | | | |
| | | | | | 총발열량 | TJ/Gg | 50.4 | 2 | | | | | | | | |
| | | | | | 순발열량 | TJ/Gg | 46.3 | 2 | | | | | | | | |
| | | | | | 산화계수 | 0~1사이 | 1. | 1 | | | | | | | | |
| | | | | | 합계(CO2-eq ton) | | | | | 3.097 | 0.001 | 0.002 | | | | 3.096 |

## 6. 전력(외부전기)

<table>
<tr><td colspan="3" align="center">□ 전력 사용량</td></tr>
<tr><td colspan="3" align="center">전기난로 현황</td></tr>
<tr><td>용량합계</td><td>27 KW</td><td>5 KW</td></tr>
<tr><td>수량합계</td><td>9 대</td><td>1 대</td></tr>
</table>

| 부 서 | 용량 및 수량 | |
|---|---|---|
|  | 3 KW | 5 KW |
| 출하실 | 1 | |
| 남자대기실 | 1 | |
| 여자대기실 | 1 | |
| 분체1 | 1 | |
| 분체2 | 1 | |
| 분체2 포장 | 1 | |
| 분체2 대기실 | 1 | |
| 공무 | 1 | |
| 선광 | 1 | |
| 소성 | | 1 |

### 연간 전력사용량

연간 전력사용량　6,126

| 분류 | 모터용량 | 비율 | 전력량 | toe |
|---|---|---|---|---|
| 선광 | 393.60 | 9.91 | 607.07 | 130.52 |
| 소성 | 423.35 | 10.66 | 652.96 | 140.39 |
| 유체 | 342.60 | 8.63 | 528.41 | 113.61 |
| 분체1 | 484.60 | 12.20 | 747.42 | 160.70 |
| 분체2 | 624.40 | 15.72 | 963.05 | 207.05 |
| 광산 | 200.00 | 5.04 | 308.47 | 66.32 |
| 소성로 | 1,500.00 | 37.77 | 2,313.53 | 497.41 |
| 사무실 | 3.30 | 0.08 | 5.09 | 1.09 |
| 합 계 | 3,971.85 | 100.00 | 6,126.00 | 1,317.09 |

□ 연간 전력사용량 집계(4~10월 중략)

| | 1월 | 2월 | 3월 | 11월 | 12월 | 소 계 | 석유환산계수 | 사용량 TOE | 10년 사용량 | TOE |
|---|---|---|---|---|---|---|---|---|---|---|
| 전력량 | 612,500 | 517,763 | 582,519 | 540,908 | 614,499 | **6,478,620** | 0.215 | 1,393 | **6,126** | 1,317 |

□ 전력 사용량 – 온실가스 배출량 산정 보고

**19. 배출활동별 배출량 현황 (간접배출 – 외부 전기 사용)**

| 배출활동[참고1] | 코드 | 6 | 0 | 0 | 1 | 배출활동명 | 간접배출(외부전기사용) |
|---|---|---|---|---|---|---|---|

계산법 (Tier 1 □　Tier 2 □　Tier 3 □ )

| 배출시설[참고2] | | 전기사용량 (kWh) | 적용Tier | 불확도 (%) | 배출계수 | | | 배출량 [ton] | | | 소계 |
|---|---|---|---|---|---|---|---|---|---|---|---|
| 일련번호 | 배출시설명 | | | | CO2 (tCO2/MWh) | CH4 (kgCH4/MWh) | N2O (kgN2O/MWh) | CO2 [ton] | CH4 [kg] | N2O [kg] | CO2_eq [ton] |
| 012 | 사업장단위 전력사용시설 (전기사용) | 6,478,620. | 2 | | .4653 | .0054 | .0027 | 3,014.502 | 34.935 | 17.492 | 3,020.659 |
| 전기사용량 합계(kWh) | | | | 6,478,620. | 배출량 합계(CO2-eq ton) | | | 3,014.502 | 0.735 | 5.423 | 3,020.659 |

# 7. 공정배출(예: 석회)

<table>
<tr><td colspan="9" align="center">□ 공정배출 – 생산량 확인(석회)</td></tr>
</table>

► 월 생산량 확인

**6월 생산 실적**

| 구 분 | | 석회석 투입량 | 무연탄 투입량 | 탄 비 | 수 율 | 조업일수 | 생석회 생산량 | | |
|---|---|---|---|---|---|---|---|---|---|
| | | | | | | | O/S | U/S | 합계 |
| 계획 생산량 | | 7,500 | 622.5 | 8.3% | 56.7% | 20일 | 4,190 | 60 | 4,250 |
| 실 생산량 | 1호 | | | | | 20일 | 1,101 | 20 | 1,121 |
| | 2호 | | . | | | 20일 | 1,120 | 20 | 1,140 |
| | 합계 | 3,999 | 325,619 | 8.1% | 56.5% | 20일 | 2,221 | 40 | 2,261 |

► 연 생산량 집계

**월별 수율 및 분급율 대비**

| 구 분 | 석회석투입량 | 생석회생산량 | 원 석 원단위 | 수 율 | 탄 비 | 품 위 | O/S 분급율 | U/S 분급율 | 폐석량 |
|---|---|---|---|---|---|---|---|---|---|
| 1 월 | | | | | | | | | |
| 2 월 | | | | | | | | | |
| 3 월 | | | | | | | | | |
| 4 월 | | | | | | | | | |
| 5 월 | | | | | | | | | |
| 6 월 | 3,999 | 2,261 | 1.77 | 56.5% | 8.1% | 91.04% | 98% | 2% | 10 |
| 7 월 | | | | | | | | | |
| 8 월 | | | | | | | | | |
| 9 월 | | | | | | | | | |
| 10 월 | | | | | | | | | |
| 11 월 | | | | | | | | | |
| 12 월 | | | | | | | | | |
| 합 계 | 75,436 | 42,719 | | | | | | | 140 |

► 호기별 온실가스 배출량 산정을 위하여 생산량을 각 호기별로 생산량 분개한다.
(생산량 측정 또는 원석 투입량 비례 등)
분개 후 1호기 생산량은 18,078.617톤

| □ 공정배출 – 온실가스 배출량 산정 보고 |
| --- |

**14. 배출활동별 배출량 현황 (공정 배출 분야)**

| 배출활동[참고1] | 코드 | 4 | 0 | 0 | 2 | 배출활동명 | 석회 생산 | | | | | | |
| --- | --- | --- | --- | --- | --- | --- | --- | --- | --- | --- | --- | --- | --- |
| 배출시설[참고2] | 일련번호 | 001 | | | | 배출시설명 | 소성시설(kiln) (소성로 #1) | 배출구(굴뚝) 번호 | | 굴뚝 자체번호 | | | |

<table>
<tr><td rowspan="2">원료명/제품명</td><td colspan="5">계산법 (Tier 1 □    Tier 2 □    Tier 3 □ )</td><td colspan="7">배출량</td></tr>
<tr><td>입력항목</td><td>단위</td><td>값</td><td>적용 Tier</td><td>불확도 (%)</td><td>CO2 [ton]</td><td>CH4 [kg]</td><td>N2O [kg]</td><td>HFCs [kg]</td><td>PFCs [kg]</td><td>SF6 [kg]</td><td>CO2-eq [ton]</td></tr>
<tr><td rowspan="3">생산량</td><td>[Tier1] Ei : 석회(i) 생산으로 인한 CO2 배출량 (tCO2)</td><td>ton</td><td>13,558,963.39</td><td>1</td><td></td><td rowspan="3">13,558,963</td><td></td><td></td><td></td><td></td><td></td><td rowspan="3">13,558,963</td></tr>
<tr><td>[Tier1] Qi : 석회(i) 생산량(ton)</td><td>ton</td><td>18,078,617.85</td><td>1</td><td>0.04</td><td></td><td></td><td></td><td></td><td></td></tr>
<tr><td>[Tier1] EFi : 석회(i) 생산량 당 CO2 배출계수(tCO2/t-석회생산량)</td><td>tCO2/t</td><td>.75</td><td>1</td><td></td><td></td><td></td><td></td><td></td><td></td></tr>
<tr><td colspan="6">합계(CO2-eq ton)</td><td>13,558,963</td><td>0.000</td><td>0.000</td><td></td><td></td><td></td><td>13,558,963</td></tr>
</table>

# 제3절 온실가스 배출량 산정보고 예시(서식)

## 0. 표지(종서식)

온실가스 배출량 등 명세서 양식(제52조제1항 관련)

온실가스 배출량 및 에너지 사용량 명세서

「저탄소녹색성장기본법」 제44조제1항 및 같은 법 시행령 제34조에 따라 당사(사업장)의 온실가스 배출량 및 에너지 사용량 등을 아래와 같이 보고합니다.

년       월       일

보고인                    (서명 또는 인)

농수산식품부 장관
지식경제부 장관
환경부장관                    귀하
국토해양부 장관

1. 관리업체 총괄정보(종서식)

## 1 관리업체 총괄 정보

### 1-1. 업체(법인)에 대한 일반정보

| (1) | 법 인 명 | | (2) | 대표자 | | (3) | 대상년도 | |
|---|---|---|---|---|---|---|---|---|
| (4) | 법인등록번호 | | | (5) | 지정업종<br>(대표업종) | | | |
| (6) | 법인 소재지 | | | (7) | 법인<br>전화번호 | | | |
| (8) | 법인담당부서 | | (9) | 법인<br>담당자 | | (10) | 직 급 | |
| (11) | 담 당 자<br>전화번호 | | (12) | 담당자<br>휴대폰 | | (13) | 담당자<br>이메일 | |
| (14) | 주요 생산제품<br>또는 처리물질 | | (15) | 연간 생산량<br>또는 처리량 | | (16) | 상 시<br>종업원수 | |
| (17) | 당해연도<br>매 출 액<br>(백만원) | | (18) | 당해연도<br>에너지비용<br>(백만원) | | (19) | 자본금<br>(백만원) | |
| (20) | 중소기업여부 | | | | | | | |

### 1-2. 사업장 목록

| (1)<br>사업장<br>일련번호 | (2)<br>사업장명 | (3)<br>사업자등록번호 | (4)<br>사업장<br>대표자 | (5)<br>사업장<br>업종 | (6)<br>사업장 소재지 | (7)<br>소량배출사업장<br>여부 |
|---|---|---|---|---|---|---|
| 사업장 01 | 사업장명 | | | | | |
| 사업장 02 | | | | | | |
| | | | | | | |

### 1-3. 업체(법인)의 온실가스배출량 및 에너지사용량 총괄

| (1)<br>사업장<br>일련번호 | (2)<br>사업장명 | (3) 연간 온실가스배출량 ($tCO_2e$) | | | (4) 연간 에너지사용량 (TJ) | | | | (6)<br>소량배출<br>사업장여부 |
|---|---|---|---|---|---|---|---|---|---|
| | | 직접배출<br>(Scope1) | 간접배출<br>(Scope2) | 총 량 | 연료<br>사용량 | 전기<br>사용량 | 스팀<br>사용량 | 총 량 | |
| 사업장 01 | 사업장명 | | | | | | | | |
| 사업장 02 | | | | | | | | | |
| 사업장 03 | | | | | | | | | |
| | | | | | | | | | |
| (5) | 관리업체 합계 | | | | | | | | |

2. 사업장 일반정보(종서식)

## 2 사업장 일반정보

### 2-1. 사업장에 대한 일반정보

| (1) | 사업장명 | | (2) | 대표자 | | (3) | 사업장 일련번호 | |
|---|---|---|---|---|---|---|---|---|
| (4) | 사업자등록번호 | | (5) | 업종 | | (6) | 업 종 | |
| (6) | 사업장 소재지 | | (7) | 사업장 전화번호 | | | | |
| (8) | 사업장담당부서 | | (9) | 사업장 담당자 | | (10) | 직 급 | |
| (11) | 담 당 자 전화번호 | | (12) | 담당자 휴대폰 | | (13) | 담당자 이메일 | |
| (14) | 주요 생산제품 또는 처리물질 | | (15) | 연간생산량 또는 처리량 | | (16) | 상 시 종업원수 | |
| (17) | 당해연도매출액 (백만원) | | (18) | 당해연도 에너지비용 (백만원) | | (19) | 자본금 (백만원) | |

### 2-2. 사업장 조직경계 입력

| (1) | 조직경계 관련 서류 구분 | |
|---|---|---|
| | | |

## 3. 사업장별 배출시설현황(횡서식)

3 | 사업장별 배출시설 현황

### 3-1. 배출시설정보 등

| (1) | 일련번호 | 사업장명 | 사업자 등록번호 |
|---|---|---|---|
|  |  |  |  |

| (2) | (3) | | (4) | (5) | (6) | (7) | (8) | | | (9) | (10) | | | | | | | | |
|---|---|---|---|---|---|---|---|---|---|---|---|---|---|---|---|---|---|---|---|
| 배출시설 일련번호 | 배출시설 | | 시설용량 (단위) | 세부시설 용량 (단위) | 일일평균 가동시간 (hr/day) | 연간가동 일수 (day/yr) | 방지시설(선택) | | | 배출구 (굴뚝) 번호 | 투입량 및 생산량 정보 | | | | | | | | |
|  | 코드 [참고2] | 배출시설명 |  |  |  |  | 대상가스 | 방지시설 이름 | 처리효율 (%) |  | 투입 연료 및 원료 | | | 생산 제품 | | | 기타 | | |
|  |  |  |  |  |  |  |  |  |  |  | 명칭 | 값 | 단위 [참고5] | 명칭 | 값 | 단위 [참고5] | 명칭 | 값 | 단위 [참고5] |
| 01 |  |  |  |  |  |  |  |  |  |  |  |  |  |  |  |  |  |  |  |
|  |  |  |  |  |  |  |  |  |  |  |  |  |  |  |  |  |  |  |  |
|  |  |  |  |  |  |  |  |  |  |  |  |  |  |  |  |  |  |  |  |
|  |  |  |  |  |  |  |  |  |  |  |  |  |  |  |  |  |  |  |  |

### 3-2. 소규모배출시설 정보

| (1) | 일련번호 | 사업장명 | 사업자 등록번호 |
|---|---|---|---|
|  |  |  |  |

| (2) | (3) | (4) |
|---|---|---|
| 소규모배출시설 일련번호 | 배출시설 | 대수(Unit 수) |
| 01 | (ex) 비상용 발전기 |  |
| 02 |  |  |
| 03 |  |  |
|  |  |  |

### 3-3. 소량배출사업장 배출활동 정보 등

| (1) | | (2) | | | | | | | | |
|---|---|---|---|---|---|---|---|---|---|---|
| 사업장 일련번호 | 소량배출사업장명 | 투입량 및 생산량 정보 | | | | | | | | |
|  |  | 투입 연료 및 원료 | | | 생산 제품 | | | 기타 | | |
|  |  | 명칭 | 값 | 단위 [참고5] | 명칭 | 값 | 단위 [참고5] | 명칭 | 값 | 단위 [참고5] |
| 01 |  |  |  |  |  |  |  |  |  |  |
|  |  |  |  |  |  |  |  |  |  |  |
|  |  |  |  |  |  |  |  |  |  |  |
|  |  |  |  |  |  |  |  |  |  |  |

## 4. 사업장 배출량 현황 총괄(횡서식)

**4 | 사업장 배출량 현황[총괄]**

### 4-1. 사업장 온실가스 배출량 총괄 현황

| (1) | 일련번호 | 사업장명 | 사업자 등록번호 |
|---|---|---|---|
| | | | |

| (2) 배출활동 [참고1] | | (3) 배출시설 [참고2] | | | (4) 온실가스 배출량 | | | | | | (5) 소계 (tCO2eq) | | (6) 합계 (tCO2eq) | (8) 에너지 사용량 (MJ) | | | (9) 합계 (TJ) |
|---|---|---|---|---|---|---|---|---|---|---|---|---|---|---|---|---|---|
| 배출활동 코드 | 배출활동명 | 일련 번호 | 배출시설 코드 | 배출시설명 | CO2 (ton) | CH4 (kg) | N2O (kg) | HFCs (kg) | PFCs (kg) | SF6 (kg) | Scope1 | Scope2 | | 에너지 | 전력 | 스팀 | |
| | | | | | | | | | | | | | | | | | |
| | | | | | | | | | | | | | | | | | |
| | | | | | | | | | | | | | | | | | |
| | | | | | | | | | | | | | | | | | |

| (7) 사업장 총 온실가스 배출량 (tCO2eq) | (10) 사업장 총에너지 사용량 (TJ) |
|---|---|
| | |

### 4-2. 바이오매스 사용 등에 따른 배출량 (해당할 경우만 작성)

| (1) | 일련번호 | 사업장명 | 사업자 등록번호 |
|---|---|---|---|
| | | | |

| (2) 배출활동 [참고1] | | (3) 배출시설 [참고2] | | | (4) 바이오매스 사용에 따른 배출량(Scope 1) | | | | | (9) 공정폐열 | (10) 외부에서 공급받은 폐기물소각열(Scope2) | | |
|---|---|---|---|---|---|---|---|---|---|---|---|---|---|
| 코드 | 배출활동명 | 일련 번호 | 코드 | 배출시설명 | 코드 | 바이오매스 종류 [참고4] | 바이오매스 에너지 사용량 (TJ) | 바이오매스 배출계수 (tCO2/TJ) | 바이오매스 사용에 따른 배출량 (tCO2) | Tier4 적용시 배출량 (tCO2) | 에너지 사용량 (MJ) | 에너지 사용량 (MJ) | 배출계수 (tCO2eq/TJ) | 온실가스 배출량 (tCO2) |
| | | | | | | | | | | | | | | |
| | | | | | | | | | | | | | | | 

*Note: 위 표의 (5),(6),(7),(8) 컬럼 헤더는 바이오매스 사용에 따른 배출량(Scope 1) 아래 바이오매스 에너지 사용량(TJ), 바이오매스 배출계수(tCO2/TJ), 바이오매스 사용에 따른 배출량(tCO2), Tier4 적용시 배출량(tCO2)에 해당.*

| (11) 사업장 합계 | | | |
|---|---|---|---|
| | | | |

### 4-3. 배출시설 및 배출량 산정방법 변동현황 (해당할 경우에만 작성)

| (1) 사업장 정보 | 일련번호 | 사업장명 | 사업자등록번호 | (2) 배출시설 정보 | 일련번호 | 시설코드 | 배출시설명 |
|---|---|---|---|---|---|---|---|
| | | | | | | | |

| (3) 변경항목 | | (4) 당초(이행계획 상) | (5) 변경후(명세서 작성시) | (6) 변경 시점 | (7) 세부내용(변경 사유 등) |
|---|---|---|---|---|---|
| 배출시설 | 시설 용량 | | | | |
| | 가동시간 | | | | |
| | 투입 원료 및 연료 | | | | |
| | 방지시설 설치 | | | | |
| | ⋯ | | | | |
| 배출량 산정방법 | 산정 방법론(Tier) | | | | |
| | 활동자료 수집방법(모니터링 유형) | | | | |
| | 배출계수(발열량 등) | | | | |

## 5. 배출활동별 배출량 현황(세부)(횡서식)

| 5 | 배출활동별 배출량 현황(세부) |
|---|---|

### 5-1. 배출활동별 배출량 현황 (고정 연소 분야)

| (1) 배출활동[참고1] | | 코드 | | | | | 배출활동명 | | | | | | | | | | |
|---|---|---|---|---|---|---|---|---|---|---|---|---|---|---|---|---|---|
| (2) 배출시설[참고2] | | 일련번호 | | | | 배출시설명 | | | | (3) 배출구(굴뚝) 번호 | | | | (4) 배출구(굴뚝) 자체관리번호 | | | |
| (5) | (6) | | | | | | | | 계산법 ( Tier 1 ☐  Tier 2 ☐  Tier 3 ☐ ) | | | | | | | | |

| (5) 연료코드 [참고4] | (6) 혼합연료 정보 | | (7) 입력항목 | | (8) 단위 | (9) 값 | (10) 적용 Tier | (11) 불확도 (%) | (12) 배출량 | | | | | | (13) 소계 CO₂-eq [ton] |
|---|---|---|---|---|---|---|---|---|---|---|---|---|---|---|---|
| | | | | | | | | | $CO_2$ [ton] | $CH_4$ [kg] | $N_2O$ [kg] | $HFCs$ [kg] | $PFCs$ [kg] | $SF_6$ [kg] | |
| 연료명 1 | ☐ 자체분석 ☐ 시험기관 | | 연료사용량 | | [t. kl. $Nm^3$] | | | | | | | | | | |
| | | | 순발열량 | | [TJ/t, TJ/kl,TJ/$Nm^3$] | | | | | | | | | | |
| | 구분 | 성분(%) | 배출 계수 | $CO_2$ | [t$CO_2$/TJ] | | | | | | | | | | |
| | | | | $CH_4$ | [t$CH_4$/TJ] | | | | | | | | | | |
| | | | | $N_2O$ | [t$N_2O$/TJ] | | | | | | | | | | |
| | | | | 기타 | | | | | | | | | | | |
| | | | 산화율 | | – | | | | | | | | | | |
| 연료명 2 | ☐ 자체분석 ☐ 시험기관 | | 연료사용량 | | [t. kl. $Nm^3$] | | | | | | | | | | |
| | | | 순발열량 | | [TJ/t, TJ/kl,TJ/$Nm^3$] | | | | | | | | | | |
| | 구분 | 성분(%) | 배출 계수 | $CO_2$ | [t$CO_2$/TJ] | | | | | | | | | | |
| | | | | $CH_4$ | [t$CH_4$/TJ] | | | | | | | | | | |
| | | | | $N_2O$ | [t$N_2O$/TJ] | | | | | | | | | | |
| | | | | 기타 | | | | | | | | | | | |
| | | | 산화율 | | – | | | | | | | | | | |
| (14) 합계 (CO₂-eq ton) | | | | | | | | | | | | | | | |

### 5-1. 배출활동별 배출량 현황 (고정 연소 분야, Tier 4)

| (1) 배출활동[참고1] | | 코드 | | | | 배출활동명 | | | | | | | | | | |
|---|---|---|---|---|---|---|---|---|---|---|---|---|---|---|---|---|
| (2) 배출시설[참고2] | | 일련번호 | | 배출시설명 | | | | (3) 배출구(굴뚝) 번호 | | (4) 배출구(굴뚝) 자체관리번호 | | | | | | |
| 연속측정법 ( Tier 4 ☐ ) | | | | | | | | | | | | | | | | |

| (15) 활동자료 | | | (16) 월별 활동자료/배출량 값 | | | | | | | | | | | |
|---|---|---|---|---|---|---|---|---|---|---|---|---|---|---|
| | | | 1월 | 2월 | 3월 | 4월 | 5월 | 6월 | 7월 | 8월 | 9월 | 10월 | 11월 | 12월 |
| 활동자료 1 [참고4] | 코드 | | | | | | | | | | | | | |
| | 활동자료 | | | | | | | | | | | | | |
| 단위 [참고5] | 단위코드 | | | | | | | | | | | | | |
| | 단위 | | | | | | | | | | | | | |
| 활동자료 2 [참고4] | 코드 | | | | | | | | | | | | | |
| | 활동자료 | | | | | | | | | | | | | |
| 단위 [참고5] | 단위코드 | | | | | | | | | | | | | |
| | 단위 | | | | | | | | | | | | | |
| 연속측정에 의한 배출량 CO₂[ton] 주1) | | | | | | | | | | | | | | |
| 바이오매스(CO₂ ton) 주2) | | | | | | | | | | | | | | |
| CO₂[ton] 주2) | | | | | | | | | | | | | | |
| (17) 합계 (CO₂-eq ton) | | | | | | | | | | | | | | |

## 5-2. 배출활동별 배출량 현황 (이동 연소 분야 – 항공)

| (1) | 배출활동[참고1] | 코드 | | | | (2) 배출활동명 | | | | | | | | |
|---|---|---|---|---|---|---|---|---|---|---|---|---|---|---|
| (3) | 배출시설[참고2] | 일련번호 | | | | (4) 배출시설명 | | | | | | | | |
| (5) | (6) | (7) | 계산법 ( Tier 1 ☐  Tier 2 ☐  Tier 3 ☐ ) | | | | | | | | | | | |
| 항공기종류 | 연료종류 [참고4] | 흔입연료 정보 | (8) 입력항목 | (9) 단위 | (10) 값 | (11) 적용Tier | (12) 불확도 (%) | (13) 배출량 | | | | | | (14) 소계 |
| | | | | | | | | CO₂ [ton] | CH₄ [kg] | N₂O [kg] | HFCs [kg] | PFCs [kg] | SF₆ [kg] | CO₂-eq [ton] |
| | ☐ 자체분석 ☐ 시험기관 | | 비출계수 CO₂ | [tCO₂/TJ] | | | | | | | | | | |
| | | | CH₄ | [tCH₄/TJ] | | | | | | | | | | |
| | | | N₂O | [tN₂O/TJ] | | | | | | | | | | |
| | | | CO₂ LTO 비출계수 | [kg/LTO] | | | | | | | | | | |
| | | | CH₄ LTO 비출계수 | [kg/LTO] | | | | | | | | | | |
| 연료명 1 | 구분 성분(%) | | N₂O LTO 비출계수 | [kg/LTO] | | | | | | | | | | |
| | | | CO₂ 순항 비출계수 | [kg/t fuel] | | | | | | | | | | |
| | | | CH₄ 순항 비출계수 | [kg/t fuel] | | | | | | | | | | |
| | | | N₂O 순항 비출계수 | [kg/t fuel] | | | | | | | | | | |
| | | | 순발열량 | [TJ/t,TJ/㎘,TJ/Nm³] | | | | | | | | | | |
| | | | 산화율 | - | | | | | | | | | | |
| | | | 기 타 | - | | | | | | | | | | |
| | | | 활동자료 총 연료사용량 | [t, ㎘, Nm³] | | | | | | | | | | |
| | | | LTO 연료사용량 | [t, ㎘, Nm³] | | | | | | | | | | |
| | | | 순항 연료사용량 | [t, ㎘, Nm³] | | | | | | | | | | |
| | | | LTO 회수 | 회 | | | | | | | | | | |
| | | | 항공기 대수 | 대 | | | | | | | | | | |
| | | | 주행거리 | km/대 | | | | | | | | | | |
| | | | 기 타 | - | | | | | | | | | | |
| (15) 합계 (CO₂-eq ton) | | | | | | | | | | | | | | |

## 5-3. 배출활동별 배출량 현황 (이동 연소 분야 – 도로 및 비도로)

| (1) | 배출활동[참고1] | 코드 | | | | (2) 배출활동명 | | | | | | | | |
|---|---|---|---|---|---|---|---|---|---|---|---|---|---|---|
| (3) | 배출시설[참고2] | 일련번호 | | | | (4) 배출시설명 | | | | | | | | |
| (5) | (6) | (7) | 계산법 ( Tier 1 ☐  Tier 2 ☐  Tier 3 ☐ ) | | | | | | | | | | | |
| 차량종류 | 연료종류 [참고4] | 흔입연료 정보 | (8) 입력항목 | (9) 단위 | (10) 값 | (11) 적용Tier | (12) 불확도 (%) | (13) 배출량 | | | | | | (14) 소계 |
| | | | | | | | | CO₂ [ton] | CH₄ [kg] | N₂O [kg] | HFCs [kg] | PFCs [kg] | SF₆ [kg] | CO₂-eq [ton] |
| | ☐ 자체분석 ☐ 시험기관 | | 비출계수 CO₂ | [tCO₂/TJ], [kg/m] | | | | | | | | | | |
| | | | CH₄ | [tCH₄/TJ], [kg/m] | | | | | | | | | | |
| | | | N₂O | [tN₂O/TJ], [kg/m] | | | | | | | | | | |
| | | | 순발열량 | [TJ/t,TJ/㎘,TJ/Nm³] | | | | | | | | | | |
| 연료명 1 | 구분 성분(%) | | 산화율 | - | | | | | | | | | | |
| | | | 기 타 | - | | | | | | | | | | |
| | | | 활동자료 연료사용량 | [t, ㎘, Nm³] | | | | | | | | | | |
| | | | 차량대수 | 대 | | | | | | | | | | |
| | | | 주행거리 | km/대 | | | | | | | | | | |
| | | | 기 타 | - | | | | | | | | | | |
| (15) 합계 (CO₂-eq ton) | | | | | | | | | | | | | | |

## 5-4. 배출활동별 배출량 현황 (이동 연소 분야 - 철도)

| (1) | | 배출활동[참고1] | 코드 | | | | (3) 배출활동명 | | | | | | | | |
|---|---|---|---|---|---|---|---|---|---|---|---|---|---|---|---|
| (2) | | 배출시설[참고2] | 일련번호 | | | | (4) 배출시설명 | | | | | | | | |
| (5) | (6) | (7) | 계산법 ( Tier 1 □  Tier 2 □  Tier 3 □ ) | | | | | | | | | | | | |
| 기관차종류 | 연료종류 [참고4] | 혼합연료 정보 | (8) 입력항목 | (9) 단위 | (10) 값 | (11) 적용Tier | (12) 불확도 (%) | (13) 배출량 | | | | | | | (14) 소계 |
| | | | | | | | | $CO_2$ [ton] | $CH_4$ [kg] | $N_2O$ [kg] | HFCs [kg] | PFCs [kg] | $SF_6$ [kg] | $CO_2$-eq [ton] |
| | | □ 자체분석<br>□ 시험기관 | 비출계수 $CO_2$ | [t$CO_2$/TJ], [kg/kWh] | | | | | | | | | | |
| | | | $CH_4$ | [t$CH_4$/TJ], [kg/kWh] | | | | | | | | | | |
| | | | $N_2O$ | [t$N_2O$/TJ], [kg/kWh] | | | | | | | | | | |
| 연료명 1 | 구분 | 성분(%) | 산화율 | - | | | | | | | | | | |
| | | | 기 타 | - | | | | | | | | | | |
| | | | 활동자료 연료사용량 | [t, kl, Nm³] | | | | | | | | | | |
| | | | 순발열량 | [TJ/t,TJ/kl,TJ/Nm³] | | | | | | | | | | |
| | | | 연간 운행시간 | 시간(h) | | | | | | | | | | |
| | | | 기관차대수 | 대 | | | | | | | | | | |
| | | | 평균 정격 출력 | kW | | | | | | | | | | |
| | | | 부하율 | 0 ~ 1 사이 | | | | | | | | | | |
| | | | 주행거리 | km/대 | | | | | | | | | | |
| | | | 기 타 | - | | | | | | | | | | |
| (15) 합계($CO_2$-eq ton) | | | | | | | | | | | | | | |

## 5-5. 배출활동별 배출량 현황 (이동 연소 분야 - 선박)

| (1) | | 배출활동[참고1] | 코드 | | | | (3) 배출활동명 | | | | | | | | |
|---|---|---|---|---|---|---|---|---|---|---|---|---|---|---|---|
| (2) | | 배출시설[참고2] | 일련번호 | | | | (4) 배출시설명 | | | | | | | | |
| (5) | (6) | (7) | 계산법 ( Tier 1 □  Tier 2 □  Tier 3 □ ) | | | | | | | | | | | | |
| 선박종류 | 연료종류 [참고4] | 혼합연료 정보 | (8) 입력항목 | (9) 단위 | (10) 값 | (11) 적용Tier | (12) 불확도 (%) | (13) 배출량 | | | | | | | (14) 소계 |
| | | | | | | | | $CO_2$ [ton] | $CH_4$ [kg] | $N_2O$ [kg] | HFCs [kg] | PFCs [kg] | $SF_6$ [kg] | $CO_2$-eq [ton] |
| | | □ 자체분석<br>□ 시험기관 | 비출계수 $CO_2$ | [t$CO_2$/TJ], [kg/kWh] | | | | | | | | | | |
| | | | $CH_4$ | [t$CH_4$/TJ], [kg/kWh] | | | | | | | | | | |
| | | | $N_2O$ | [t$N_2O$/TJ], [kg/kWh] | | | | | | | | | | |
| 연료명 1 | 구분 | 성분(%) | 산화율 | - | | | | | | | | | | |
| | | | 기 타 | - | | | | | | | | | | |
| | | | 활동자료 연료사용량 | [t, kl, Nm³] | | | | | | | | | | |
| | | | 순발열량 | [TJ/t,TJ/kl,TJ/Nm³] | | | | | | | | | | |
| | | | 연간 운행시간 | 시간(h) | | | | | | | | | | |
| | | | 선박대수 | 대 | | | | | | | | | | |
| | | | 주행거리 | km/대 | | | | | | | | | | |
| | | | 기 타 | - | | | | | | | | | | |
| (15) 합계($CO_2$-eq ton) | | | | | | | | | | | | | | |

## 5-6. 배출활동별 배출량 현황 (공정 배출 분야)

| (1) | 배출활동[참고1] | 코드 | | | | | 배출활동명 | | | | | |
|---|---|---|---|---|---|---|---|---|---|---|---|---|
| (2) | 배출시설[참고2] | 일련번호 | | | | | 배출시설명 | | | (3) 배출구(굴뚝) 번호 | | (4) 배출구(굴뚝) 자체관리번호 |
| (5) | | | | | 계산법 ( Tier 1 □  Tier 2 □  Tier 3 □ ) | | | | | | | |

| 연료명/제품명 | (6) 입력항목 | (7) 단위 | (8) 값 | (9) 적용Tier | (10) 불확도 (%) | (11) 배출량 | | | | | | (12) 소계 |
|---|---|---|---|---|---|---|---|---|---|---|---|---|
| | | | | | | $CO_2$ [ton] | $CH_4$ [kg] | $N_2O$ [kg] | HFCs [kg] | PFCs [kg] | $SF_6$ [kg] | $CO_2$-eq [ton] |
| | 활동자료1 | [t, kl, Nm³] | | | | | | | | | | |
| | 배출계수1 | [TJ/t, TJ/kl, TJ/Nm³] | | | | | | | | | | |
| | 활동자료2 | [t, kl, Nm³] | | | | | | | | | | |
| | 배출계수2 | [TJ/t, TJ/kl, TJ/Nm³] | | | | | | | | | | |
| | 기타인자1 | | | | | | | | | | | |
| | | | | | | | | | | | | |
| | 활동자료1 | [t, kl, Nm³] | | | | | | | | | | |
| | 배출계수1 | [TJ/t, TJ/kl, TJ/Nm³] | | | | | | | | | | |
| | 활동자료2 | [t, kl, Nm³] | | | | | | | | | | |
| | 배출계수2 | [TJ/t, TJ/kl, TJ/Nm³] | | | | | | | | | | |
| | 기타인자1 | | | | | | | | | | | |
| | | | | | | | | | | | | |
| (13) 합계($CO_2$-eq ton) | | | | | | | | | | | | |

## 5-7. 배출활동별 배출량 현황 (폐기물 분야 - 고형폐기물 매립)

| (1) | 배출활동[참고1] | 코드 | | | | 배출활동명 | |
|---|---|---|---|---|---|---|---|
| (2) | 배출시설[참고2] | 일련번호 | | | | 배출시설명 | |
| (3) | | 계산법 ( Tier 1 □  Tier 2 □  Tier 3 □ ) | | | | | |

| 처리대상 물질 | (4) 입력항목 | (5) 입력 값 | (6) 적용 Tier | (7) 불확도 (%) |
|---|---|---|---|---|
| | $DOC_f$ (메탄으로 전환가능한 DOC 비율) | | | |
| | MCF (메탄 보정계수) | | | |
| | OX (산화율) | | | |
| | F (메탄 부피비) | | | |

| (8) 년도 및 입력항목 | | 적용 Tier | 불확도 (%) | (9) 폐기물 성상 | | | | | | | | | (10) 내부 회수량 [$tCH_4$] | (11) 배출량 | | | (12) 소계 |
|---|---|---|---|---|---|---|---|---|---|---|---|---|---|---|---|---|---|
| | | | | 총 폐기물 | 종이류 | 섬유류 | 음식물류 | ... | | | | | | $CO_2$ [ton] | $CH_4$ [kg] | $N_2O$ [kg] | $CO_2$-eq [ton] |
| k (메탄발생속도상수) | | | | | | | | | | | | | | | | | |
| DOC (분해가능한 유기탄소 비율) | D-1 | | | | | | | | | | | | | | | | |
| | D-2 | | | | | | | | | | | | | | | | |
| | D-3 | | | | | | | | | | | | | | | | |
| | D-4 | | | | | | | | | | | | | | | | |
| | D-5 | | | | | | | | | | | | | | | | |
| | D-6 | | | | | | | | | | | | | | | | |
| | ... | | | | | | | | | | | | | | | | |
| 매립량 [ton] | D-1 | | | | | | | | | | | | | | | | |
| | D-2 | | | | | | | | | | | | | | | | |
| | D-3 | | | | | | | | | | | | | | | | |
| | D-4 | | | | | | | | | | | | | | | | |
| | D-5 | | | | | | | | | | | | | | | | |
| | D-6 | | | | | | | | | | | | | | | | |
| | ... | | | | | | | | | | | | | | | | |
| (13) 합계($CO_2$-eq ton) | | | | | | | | | | | | | | | | | |

## 5-8. 배출활동별 배출량 현황 (폐기물 분야 – 고형폐기물 생물학적 처리)

| | | | | | | | | | |
|---|---|---|---|---|---|---|---|---|---|
| (1) | 배출활동[참고1] | 코드 | | 배출활동명 | | | | | |
| (2) | 배출시설[참고2] | 일련번호 | | 배출시설명 | | | | | |
| (3) | 계산법 ( Tier 1 □  Tier 2 □  Tier 3 □ ) | | | | | | | | |

| 처리유형 | (4) 입력항목 | (5) 단위 | (6) 값 | 건·습기준 구분 (건/습) | (7) 적용Tier | (8) 불확도 (%) | (9) 배출량 $CO_2$ [ton] | $CH_4$ [kg] | $N_2O$ [kg] | (10) 소계 $CO_2$-eq [ton] |
|---|---|---|---|---|---|---|---|---|---|---|
| 퇴비화 | 활동자료 1 | [t] | | | | | | | | |
| | 배출계수 1-1 | [g$CH_4$/kg] | | | | | | | | |
| | 배출계수 1-2 | [g$N_2O$/kg] | | | | | | | | |
| | | | | | | | | | | |
| | | | | | | | | | | |
| | | | | | | | | | | |
| | | | | | | | | | | |
| | | | | | | | | | | |
| | | | | | | | | | | |
| | | | | | | | | | | |
| 혐기성 소화 | 활동자료 1 | [t] | | | | | | | | |
| | 배출계수 1 | [g$CH_4$/kg] | | | | | | | | |
| | | | | | | | | | | |
| | | | | | | | | | | |
| | | | | | | | | | | |
| | | | | | | | | | | |
| | | | | | | | | | | |
| | | | | | | | | | | |
| (11) 합계($CO_2$-eq ton) | | | | | | | | | | |

## 5-9. 배출활동별 배출량 현황 (폐기물 분야 – 하폐수 처리)

| | | | | | | | | | |
|---|---|---|---|---|---|---|---|---|---|
| (1) | 배출활동[참고1] | 코드 | | 배출활동명 | | | | | |
| (2) | 배출시설[참고2] | 일련번호 | | 배출시설명 | | | | | |
| (3) | 계산법 ( Tier 1 □  Tier 2 □  Tier 3 □ ) | | | | | | | | |

| 처리유형 | (4) 입력항목 | (5) 단위 | (6) 값 | (7) 적용Tier | (8) 불확도 (%) | (9) 배출량 $CO_2$ [ton] | $CH_4$ [kg] | $N_2O$ [kg] | (10) 소계 $CO_2$-eq [ton] |
|---|---|---|---|---|---|---|---|---|---|
| 하수처리 | $BOD_{in}$ (유입 하수의 BOD 농도) | mgBOD/L | | | | | | | |
| | $BOD_{out}$ (유출 하수의 BOD 농도) | mgBOD/L | | | | | | | |
| | $Q_{in}$ (유입하수량) | $m^3$ | | | | | | | |
| | 배출계수($CH_4$) | kg$CH_4$/kgBOD | | | | | | | |
| | 메탄 회수량 | kg$CH_4$ | | | | | | | |
| | $N_{in}$ (유입 하수의 질소농도) | mgN/L | | | | | | | |
| | $N_{out}$ (유출 하수의 질소농도) | mgN/L | | | | | | | |
| | 배출계수($N_2O$) | kg$N_2O$-N/kgN | | | | | | | |
| | | | | | | | | | |
| 폐수 처리^^^ | $COD_{in}$ (유입 폐수의 COD 농도) | mgCOD/L | | | | | | | |
| | $COD_{out}$ (유출 폐수의 COD 농도) | mgCOD/L | | | | | | | |
| | $Q_{in}$ (유입폐수량) | $m^3$ | | | | | | | |
| | 배출계수($CH_4$) | t$CH_4$/tCOD | | | | | | | |
| | 메탄 회수량 | kg$CH_4$ | | | | | | | |
| | | | | | | | | | |
| (11) 합계($CO_2$-eq ton) | | | | | | | | | |

## 5-10. 배출활동별 배출량 현황 (폐기물 분야 - 폐기물의 소각)

| (1) | 배출활동[참고1] | 코드 | | 배출활동명 | | | | | | | |
|---|---|---|---|---|---|---|---|---|---|---|---|
| (2) | 배출시설[참고2] | 일련번호 | | 배출시설명 | | (3) 배출구(굴뚝)<br>번호 | | | (4) 배출구(굴뚝)<br>자체관리번호 | | |
| (5) | | | | | 계산법 ( Tier 1 ☐  Tier 2 ☐  Tier 3 ☐ ) | | | | | | |

| 처리대상물질 | (6) 입력항목 | 단위 | (7) 값 | (8) 용량중 비중 (%) | (9) 적용Tier | (10) 불확도 (%) | (11) 배출량 CO₂ [ton] | CH₄ [kg] | N₂O [kg] | (12) 소계 CO₂-eq [ton] |
|---|---|---|---|---|---|---|---|---|---|---|
| | 활동자료1 | [t] | | | | | | | | |
| | 배출계수1 | [tCO₂/t] | | | | | | | | |
| | 활동자료2 | [t] | | | | | | | | |
| | 배출계수2 | [tCO₂/t] | | | | | | | | |
| | 활동자료3 | [t] | | | | | | | | |
| | 배출계수3 | [tCO₂/t] | | | | | | | | |
| | | [t] | | | | | | | | |
| | | [tCO₂/t] | | | | | | | | |
| | | [t] | | | | | | | | |
| | | [tCO₂/t] | | | | | | | | |
| | | [t] | | | | | | | | |
| | | [kgCH₄/t] | | | | | | | | |
| | | [gN₂O/t] | | | | | | | | |
| | | | | | | | | | | |
| | | | | | | | | | | |
| (13) 합계 (CO₂-eq ton) | | | | | | | | | | |

## 5-10. 배출활동별 배출량 현황 (폐기물 분야 - 폐기물의 소각, Tier 4)

| (1) | 배출활동[참고1] | 코드 | | 배출활동명 | | | | | | | | | | |
|---|---|---|---|---|---|---|---|---|---|---|---|---|---|---|
| (2) | 배출시설[참고2] | 일련번호 | | 배출시설명 | | | (3) 배출구(굴뚝)번호 | | | (4) 배출구(굴뚝)자체관리번호 | | | | |
| | | | | 연속측정법 ( Tier 4 ☐ ) | | | | | | | | | | |

| (14) 활동자료 | | | (15) 월별 활동자료/배출량 | | | | | | | | | | | |
|---|---|---|---|---|---|---|---|---|---|---|---|---|---|---|
| | | | 1월 | 2월 | 3월 | 4월 | 5월 | 6월 | 7월 | 8월 | 9월 | 10월 | 11월 | 12월 |
| 활동자료 [참고4] | 코드 | | | | | | | | | | | | | |
| | 활동자료명 | | | | | | | | | | | | | |
| 단위코드 [참고5] | 코드 | | | | | | | | | | | | | |
| | 단위명 | | | | | | | | | | | | | |
| 연속측정에 의한 배출량 CO₂[ton] [주1] | | | | | | | | | | | | | | |
| 바이오매스(CO₂ ton) [주2] | | | | | | | | | | | | | | |
| CO₂[ton] [주3] | | | | | | | | | | | | | | |
| (16) 합계 (CO₂-eq ton) | | | | | | | | | | | | | | |

## 5-11. 배출활동별 배출량 현황 (간접배출 - 외부 전기 사용)

| (1) | 배출활동[참고1] | 코드 | | 배출활동명 | | | | |
|---|---|---|---|---|---|---|---|---|
| | | | | 계산법 ( Tier 1 ☐  Tier 2 ☐  Tier 3 ☐ ) | | | | |

| (2) 배출시설[참고2] | | (3) 전기사용량 (kWh) | (4) 적용Tier | (5) 불확도 (%) | (6) 배출계수 | | | (7) 배출량 | | | (8) 소계 |
|---|---|---|---|---|---|---|---|---|---|---|---|
| 일련번호 | 배출시설명 | | | | CO₂ (tCO₂/MWh) | CH₄ (kgCH₄/MWh) | N₂O (kgN₂O/MWh) | CO₂ [ton] | CH₄ [kg] | N₂O [kg] | CO₂-eq [ton] |
| | | | | | | | | | | | |
| | | | | | | | | | | | |
| | | | | | | | | | | | |
| | | | | | | | | | | | |
| | | | | | | | | | | | |
| (9) 전기사용량 합계(MWh) | | | | | (10) 배출량 합계(CO₂-eq ton) | | | | | | |

**5-12. 배출활동별 배출량 현황 (간접배출 - 외부 열 사용)**

| (1) 배출활동[참고1] | 코드 | | | | 배출활동명 | | | | | | |
|---|---|---|---|---|---|---|---|---|---|---|---|
| 계산법 ( Tier 1 ☐  Tier 2 ☐  Tier 3 ☐ ) | | | | | | | | | | | |

| (2) 배출시설[참고2] | | (3) 열사용량 (GJ) | (4) 적용Tier | (5) 불확도 (%) | (6) 배출계수 | | | (7) 배출량 | | | 소계 |
|---|---|---|---|---|---|---|---|---|---|---|---|
| 일련번호 | 배출시설명 | | | | $CO_2$ ($tCO_2$/GJ) | $CH_4$ ($kgCH_4$/GJ) | $N_2O$ ($kgN_2O$/GJ) | $CO_2$ [ton] | $CH_4$ [kg] | $N_2O$ [kg] | $CO_2$-eq [ton] |
| | | | | | | | | | | | |
| | | | | | | | | | | | |
| | | | | | | | | | | | |
| | | | | | | | | | | | |
| (8) 열사용량 합계(GJ) | | | | | (9) 배출량 합계($CO_2$-eq ton) | | | | | | |

## 6. 생산품 및 공정별 원 단위(횡서식)

**6 | 생산품 및 공정별 원단위**

| (1) 공정/생산품명 | (2) 배출활동 | (3) 사용연료 | (4) 에너지사용량 (TJ) | (5) 온실가스배출량 ($tCO_2$-eq) | (6) 연간생산량 | | (7) 원단위 | |
|---|---|---|---|---|---|---|---|---|
| | | | | | 생산량 | 단위 | 에너지원단위 (TJ/생산단위) | 온실가스원단위 ($tCO_2$-eq/생산단위) |
| | | | | | | | | |
| | | | | | | | | |
| | | | | | | | | |
| | | | | | | | | |

## 7. 에너지 판매실적(횡서식)

**7 | 에너지판매실적**

| (1) 판매에너지 종류 | (2) 대상사업자명 | (3) 연간판매량 (단위) | (4) 배출계수 또는 관련 정보 |
|---|---|---|---|
| 전력 | | | |
| 열/증기 | | | |
| | | | |
| | | | |

## 8. 온실가스 감축, 흡수, 제거 실적(횡서식)

| 8 | 온실가스 감축, 흡수, 제거 실적 |
|---|---|

| 번호 | (1) 유형 분류 [감축, 흡수, 제거] | (2) 실적 명칭 | (3) 세부 내용 | (4) 온실가스 저감량 [tCO_2-eq] | (5) 에너지 저감량 [TJ] |
|---|---|---|---|---|---|
| 1 | | | | | |
| 2 | | | | | |
| 3 | | | | | |
| 4 | | | | | |
| … | | | | | |
| | | | | | |
| 합계 | | | | | |

## 9. 온실가스 사용실적[오존층파괴물질(ODS)의 대체물질 포함](횡서식)

| 9 | 온실가스 사용 실적 (오존파괴물질(ODS)의 대체물질 포함) |
|---|---|

**9-1. 온실가스 사용 실적**

| 번호 | (1) 온실가스 종류 | (2) 사용 목적 | 사용량 | | 회수량 | |
|---|---|---|---|---|---|---|
| | | | (3) 제품당 주입량 또는 제충전량 (kg/제품) | (4) 총 사용량 (kg/yr) | (5) 제품당 회수량 (kg/yr) | (6) 총 회수량 (kg/yr) |
| 1 | $CO_2$ | | | | | |
| 2 | $N_2O$ | | | | | |
| 3 | $SF_6$ | | | | | |
| 4 | PFCs | | | | | |
| … | … | | | | | |
| | | | | | | |

**9-2. 전기 설비 사용에 따른 $SF_6$ 및 PFCs 배출량**

| (1) | 비출활동[참고1] | 코드 | | 비출활동명 | |
|---|---|---|---|---|---|
| (2) | 비출시설[참고2] | 일련번호 | | 비출시설명 | |

| (3) | 계산법 ( Tier 1 ☐  Tier 2 ☐  Tier 3 ☐ ) |

| 세부 시설 종류 | (4) 입력항목 | (5) 단위 | (6) 값 | (7) 적용 Tier | (8) 불확도 (%) | (9) 배출량 | | (10) 소계 |
|---|---|---|---|---|---|---|---|---|
| | | | | | | PFCs [kg] | $SF_6$ [kg] | $CO_2$-eq [ton] |
| | 활동자료1 | kg | | | | | | |
| | 비출계수1 | | | | | | | |
| | 활동자료2 | kg | | | | | | |
| | 비출계수2 | | | | | | | |
| | 기타인자1 | | | | | | | |
| | | | | | | | | |
| (11) 합계($CO_2$-eq ton) | | | | | | | | |

## 10. 사업장 고유 배출계수[TIER 3] 개발실적(횡서식)

**10 사업장 고유 배출계수(Tier 3) 개발 실적**

| (1) | 배출활동[참고1] | | 코드 | | | | 배출활동명 | | | | | | |
| (2) | 배출시설[참고2] | | 일련번호 | | | | 배출시설명 | | | | | | |

| 번호 | (3) 계수의 종류 | | (4) 분석 항목 | (5) 시험분석 방법 | (6) 분석 장비 | (7) 시험분석 횟수 (시료채취 횟수) | (8) 분석 값 | (9) 단위 | (10) 계수 산정식 | (11) 계수 값 | (12) 계수단위 | (13) 불확도 (%) |
|---|---|---|---|---|---|---|---|---|---|---|---|---|
| | 연료/원료 | 계수 | | | | | | | | | | |
| 1 | 석탄 | CO₂ 배출계수 | 탄소함량 | | | | | | | | | |
| | | | 회함량 | | | | | | | | | |
| | | | 수분함량 | | | | | | | | | |
| | | | … | | | | | | | | | |
| 2 | … | | | | | | | | | | | |
| 3 | … | | | | | | | | | | | |
| | | | | | | | | | | | | |

## 11. 굴뚝연속자동측정기에 의한 월간 온실가스 배출량 정보현황(횡서식)

**11 굴뚝연속자동측정기에 의한 월간 온실가스 배출량 정보 현황**

| (1) | 배출활동[참고1] | 코드 | | | | 배출활동명 | | | |
| (2) | 배출시설[참고2] | 일련번호 | | 배출시설명 | | (3) | 배출구 (굴뚝) 번호 | (4) | 배출구(굴뚝) 자체관리번호 |

| 일시 (5) | | CO₂ 평균농도(%) | | | 유량값(δm²/30분 적산) | | | 배출량 (kg)(8) | 비고 (10) | 연료코드 [참고4](11) | 월 사용량 합계 (12) |
|---|---|---|---|---|---|---|---|---|---|---|---|
| | | 측정값(6) | 대계코드(7) | 대계값(9) | 측정값(6) | 대계코드(7) | 대계값(9) | | | | |
| yyyy mm01 | 00:00 | | | | | | | | | | |
| | 00:30 | | | | | | | | | 연료명 1 | [t. kl. Nm³] |
| | 01:00 | | | | | | | | | | |
| | 01:00 | | | | | | | | | | |
| | | | | | | | | | | | |
| | | | | | | | | | | | |
| | | | | | | | | | | 연료명 2 | |
| | | | | | | | | | | | [t. kl. Nm³] |
| | | | | | | | | | | | |
| | | | | | | | | | | | |
| yyyy mm31 | 23:30 | | | | | | | | | | |
| 월 배출량(kg) (13) | | | | | | | | | | | |

## 12. 명세서 작성 관련 기타 참고사항(횡서식)

<table>
<tr><td colspan="2">12</td><td colspan="2">명세서 작성관련 기타 참고 사항</td></tr>
</table>

| (1) | 일련번호 | 사업장명 | 사업자 등록번호 |
|---|---|---|---|
|  |  |  |  |

| 번호 | (2) 해당 명세서 서식명 | (3) 항 목 | (4) 세부 내용 |
|---|---|---|---|
| 1 | (예시) 9. 배출활동별 배출량 현황 (고정연소 분야) | (예시) 바이오매스 사용에 따른 에너지 사용량 산정을 위한 총 발열량관련 | (조치 예시1) 바이오매스별 총 발열량이 게시되지 않았으므로 순발열량을 이용하여 에너지 사용량을 산정하였음<br>ex) 목탄 : 29.5 TJ/Gg<br><br>(조치 예시2) 바이오매스별 총 발열량이 게시되지 않았으므로 바이오매스의 수분함량, 수소함량, 산소함량을 분석하여 아래의 식을 이용하여 총발열량으로 환산하였음<br><br>순발열량 = 총발열량 - 0.212H - 0.0245M - 0.008Y<br>M : 수분 비율, H : 수소 비율, Y : 산소 비율 |
| 2 |  |  |  |
| 3 |  |  |  |

# 시험문제 총정리

Ⅰ. [진위형] 아래 문항들이 맞으면 ○, 틀리면 ×라고 답하세요.

1) 명세서의 공개 등 관리절차에서 비공개 요청에 따른 심사절차 단계로 1단계(비공개 요청), 2단계(추가자료 요구 또는 의견청취), 3단계(공개 여부 심사), 4단계(심사결과 통보), 5단계(주요 정보 공개)이다. (14) 명세서 보고대상에서 설비의 윤활제 사용에 따른 배출은 배출량 산정·보고 지침에서 보고되어야 하는 배출활동에 포함되어야 한다. (    )

2) 관리업체는 온실가스 배출량 등의 산정 결과 명세서를 작성하고 검증기관의 검증을 거쳐 매년 12월 31일까지 전자적 방식으로 부문별 관장기관에 제출하여야 한다. (    )

3) 조기감축실적은 2005년 1월 1일부터 관리업체가 최초로 목표를 설정하는 해 12월 31일까지 실시한 조기행동에 의한 감축분에 대하여 인정한다. (    )

4) 조기감축실적 평가결과의 확인은 환경부장관은 부문별 관장기관의 평가결과에 대한 중복성, 적절성 등을 확인하고 그 결과를 평가결과를 받은 날로부터 30일 이내에 부문별 관장기관에 통보한다. (    )

5) 검증기관의 준수사항으로 검증기관은 검증결과보고서, 검증업무 수행 내역 등 관련 자료를 3년 이상 보관하여야 한다. (    )

6) 당해 배출시설의 단위 연료 사용량, 단위 제품 생산량, 단위 원료 사용량, 단위 폐기물 소각량 또는 처리량 등 단위 활동자료당 발생하는 온실가스 배출량을 나타내는 계수(係數)를 배출계수라 한다. (    )

7) 온실가스 배출량 등의 산정결과와 관련하여 정량화된 양을 합리적으로 추정한 값의 분산특성을 나타내는 정도를 불확도라 한다. (    )

8) 활동자료, 배출계수, 산화율, 전환율, 배출량 및 온실가스 배출량 등의 산정방법의 복잡성을 나타내는 수준을 "산정등급(Tier)"이라 한다. (    )

9) 관리업체는 관장기관의 지정·고시에 이의가 있는 경우 고시된 날부터 15일 이내에 별지 제4호 서식에 따라 소명자료를 작성하여 지정·고시한 부문별 관장기관에 이의를 신청할 수 있다. (    )

10) 관리업체가 조기행동을 통해 온실가스를 감축한 실적 중에서 이 지침에서 정하는 유형, 방법

및 절차에 따라 인정된 부분을 "조기행동"이라 한다. (     )

11) 순발열량이란 일정 단위의 연료가 완전 연소되어 생기는 열량에서 잠열을 뺀 열량으로서 온실가스 배출량 산정에 활용되는 발열량을 말한다. (     )

12) 기존 배출시설의 배출허용량 설정방법에서 기존 배출시설이란 2011년 12월 31일 이전에 가동개시한 배출시설을 말한다. (     )

13) 두 개 이상 변수 사이의 상관관계를 나타내는 변수로서 온실가스 배출량 등을 산정하는 데 필요한 배출계수, 발열량, 산화율, 탄소함량 등을 매개변수라 한다. (     )

14) 명세서 보고대상에서 설비의 윤활제 사용에 따른 배출은 배출량 산정·보고 지침에서 보고되어야 하는 배출활동에 포함되어야 한다. (     )

15) 고정연소의 온실가스 배출량 산정 공식은, 온실가스배출량 $= \Sigma[$연료별 소비량×발열량×산화계수×배출계수×환산계수$]$이며, 환산계수는 1kcal=4.1868kj, 1ton=1000kg, 1tj=$10^9$ kj이다. (     )

16) 온실가스(GHG) 또는 '탄소' 오프셋은 발생 탄소를 상쇄하기 위해 저감한 일산화탄소 단위임(톤으로 측정). 탄소오프셋은 cap and trade 시스템에서 GHG 목표를 달성하기 위한 직접적인 저감방법이다. (     )

17) 2012년도 관리업체의 지정기준은 온실가스(tCO₂) 기준으로 기업은 87,500이고 사업장은 20,000이며 에너지(Tj) 기준으로는 기업은 350이고 사업장은 90이다. (     )

18) 부문별 관장기관은 매년 9월 30일까지 관리업체의 다음 연도 온실가스 감축, 에너지 절약 및 에너지 이용효율 목표를 설정하고 이를 관리업체 및 센터에 통보하며, 2012년 목표까지는 과거 실적 기반인 Top-down 방식을 적용하고, 2013년 목표부터는 벤치마크 기반 설정방식인 Bottom-up 방식을 적용한다. (     )

19) 온실가스 에너지 목표관리 등에 관한 운영지침에서 "연료발열량"은 별표 19, "배출계수"는 별표 17, "산화계수"는 별표 14를 참조한다. (     )

20) 전체 시설배출량이 7만 이상이고, 개별 배출시설이 5만 미만인 사업장은 배출시설의 배출량 규모에 따른 산정등급(Tier) 분류기준은 B그룹이다. (     )

21) 온실가스·에너지 목표관리 운영 등에 관한 지침은 총칙 14장 124조와 15장 부칙 9조로
이루어졌다. (　　)

22) 관리업체(업체)지정 온실가스 배출량 및 에너지 소비량 기준으로 옳은지 ○, × 하시오. (　　)

| 구 분 | 온실가스 배출량<br>($Ktco_{2-eq}$) | 에너지 소비량<br>(tj) |
|---|---|---|
| 2011년 12월 31일까지 | 125 이상 | 500 이상 |
| 2012년 1월 1일부터 | 87.5 이상 | 350 이상 |
| 2014년 1월 1일부터 | 50 이상 | 200 이상 |

23) 관리업체(사업장) 지정 온실가스 배출량 및 에너지 소비량 기준으로 옳은지 ○, × 하시오. (　　)

| 구 분 | 온실가스 배출량<br>($Ktco_{2-eq}$) | 에너지 소비량<br>(tj) |
|---|---|---|
| 2011년 12월 31일까지 | 25 이상 | 100 이상 |
| 2012년 1월 1일부터 | 30 이상 | 90 이상 |
| 2014년 1월 1일부터 | 15 이상 | 80 이상 |

(해설) 2012년 1월 1일부터는 온실가스 배출량 20 이상, 에너지 소비량 90 이상으로 배출하는 사업장이 대상이 됩니다.

24) "산정등급(Tier)"이란 활동자료, 배출계수, 산화율, 전환율, 배출량 및 온실가스 배출량 등의
산정방법의 복잡성을 나타내는 수준을 말한다.(　　)
(해설) Tier에 관한 설명입니다.

25) 산정식 테이블에 매개변수인 활동데이터, 발열량, 배출계수, 산화계수, 단위환산 등의 변수를
입력하여 산정값을 도출한다.(　　)
(해설) 매개변수에 관한 것을 나열한 것입니다.

26) 항공기, 선박, 철도수송, 도로수송은 이동연소 배출량산정에 관한 것이다. (　　)
(해설) 이동연소에 관한 옳은 설명입니다.

27) 온실가스 소량배출사업장 기준은 배출량은 3Kton $CO_2-eq$ 미만, 에너지 소비량은 15TJ
미만이다. (　　)

28) 기존 배출시설의 배출허용량 설정방법은
$$EA\_inst_{i,j,k} = C_{i,j,k} \times t_M \times RD \times EV_{i,j,k} \times CF_i$$ 이다. (　　)

29) 부분별 관장기관은 관리업체 이의신청 재심사를 할 수 있다. (　　)

30) 부분별 관장기관은 관리업체에 과태료를 부과할 수 있다. (    )


## II. [선다형] 아래 문항들에서 제시하는 답을 고르세요.

1) 배출요소 중 고정연소에 해당하지 않는 것은? (    )
  ① 고체연료연소    ② 석유(원유) 및 천연가스시스템
  ③ 기체연료연소    ④ 액체 연료연소

(해설) 석유 및 천연가스시스템은 탈루성 배출물질이다.

2) 온실가스 배출량 산정방법 중 시설규모에 따른 산정등급이 맞는 것은? (    )
  ① A그룹: 5만tCO2/yr 미만    ② B그룹: 10~50만 미만
  ③ C그룹: 60만 이상    ④ 다 맞음.

(해설) A: 5만 미만  B: 5~50만 미만  C: 50만 이상

3) 온실가스 배출량 산정대상물질과 GWP가 바르게 연결된 것은? (    )
  ① CO2(이산화탄소) - 4    ② CH4(메탄) - 21
  ③ N2O(아산화질소) - 330  ④ SF6(불화유황) - 25,900

(해설) $CO_2$ - 1, $CH_4$ - 21, $N_2O$ - 310, $SF_6$ - 23,900

4) 빈칸에 들어갈 올바른 것을 고르시오.
  ________란 온실가스 배출량 등의 산정결과와 관련하여 정량화된 양을 합리적으로 추정한 값의 분산특성을 나타내는 정도를 말한다. (    )
  ① 배출량  ② 산정등급  ③ 불확도  ④ 표준편차

(해설) 불확도에 대한 설명이다.

5) 모니터링 계획서 제출시기가 다음 중 맞는 것은? (    )
  ① 1월 말  ② 3월 말  ③ 6월 말  ④ 12월 말

(해설) 12월 말까지 제출하여야 한다.

6) 모니터링 유형에서 측정기기의 기호가 다른 것은? (   )

① WH   ② FL   ③ FL   ④ FL

(해설) ① 법률 제2조에 따른 법정계량기

② 주기적인 정도검사를 받는 측정기기

③ 정도검사를 실시하지 않는 측정기기


7) 다음 설명 중 올바른 것은? (   )

① Tier 1 - 연료종류별 연료사용량을 활동자료로 하고 사업자 혹은 연료공급자에 의해 측정된 측정불확도 ± 7.5% 이내의 활동자료를 사용한다.

② Tier 2 - 연료종류, 기관차 종류, 엔진 종류별 연료사용량을 활동자료로 하고 사업자 혹은 연료 공급자에 의해 측정된 측정 불확도 ± 6.0% 이내의 활동자료를 사용한다.

③ Tier 3 - 기관차 종류별 연간 사용시간, 정격출력을 부하율 등을 활동자료로 하고 측정 불확도 ± 3.0% 이내의 활동자료를 사용한다.

④ Tier 4 - TMS 이용 배출량 간헐적으로 측정한다.

(해설) Tier 1: ±7.5, Tier 2: ±5.0%, Tier 3: ±2.5%, Tier 4: 간헐적 측정이 아닌 연속 측정


8) 다음 중 온실가스 보고물질이 아닌 것은? (   )

① C02   ② CH4   ③ N2O   ④ PPF3


9) 가장 많은 온실가스를 배출하거나 에너지를 소비하는 업체 내 사업장 또는 사업장을 기준으로 하는 관리업체의 소관 관장기관의 구분으로 틀린 것은? (   )

① 농림수산식품부: 농업·축산 분야   ② 국립환경과학원: 에너지관리 분야

③ 환경부: 폐기물 분야                ④ 국토해양부: 건물·교통 분야


10) 온실가스, 에너지 감축 목표의 설정을 위해 관리업체와 온실가스 감축, 에너지 절약 및 에너지 이용효율 등의 목표를 설정하기 위한 원칙이 아닌 것은? (   )

① 목표의 설정방법과 수준 등은 관리업체가 예측할 수 있도록 가능한 범위에서 사전에 공표되어야 한다.

② 목표의 협의 및 설정은 다수 이해관계자들의 신뢰를 확보할 수 있도록 투명하게 진행되어야 한다.

③ 관리업체의 신·증설 계획과 국제경쟁력 등을 적절하게 고려하되, 관리업체의 과거 온실가스 배출량과 에너지 사용량의 이력은 반영하지 않는다.

④ 관리업체의 기술 수준, 감축 잠재량 및 경제적 비용 등을 함께 고려하여야 한다.

11) 온실가스, 에너지 감축 목표관리를 설정하기 위한 기준연도 배출량으로 옳은 것은?(　　)
　　① 관리업체가 최초로 지정된 연도의 직전 3개년으로 하며, 이 기간의 연평균 온실가스 배출량을 기준연도 배출량으로 한다.
　　② 기준연도 기간 중 신·증설이 발생한 경우 해당 신·증설 시설의 기준연도 배출량은 최근 5개년 평균으로 정할 수 있다.
　　③ 관리업체의 최근 3개년 배출량 자료가 없는 경우에는 활용 가능한 최근 5개년 평균을 기준연도 배출량으로 정할 수 있다.
　　④ 최근 2개년간 관리업체의 온실가스 배출원 또는 흡수원의 변경이 발생하는 경우 배출량을 정할 수 없다.

12) 고정연료의 배출시설의 종류가 아닌 것은? (　　)
　　① 화력발전시설　② 열병합발전시설　③ 발전용 내연기관　④ 배연탈황시설

13) 다음 중 액체 연료에 속하지 않는 것은? (　　)
　　① 석유 코크스　② 나프타　③ 혈암류　④ 바이오 디젤

14) 온실가스 배출량 등 산정보고의 대상 및 범위에서 보고대상으로 틀린 것은? (　　)
　　① CO2 - 이산화탄소　② CH4 - 메탄
　　③ H202 - 과산화수소　④ N20 - 아산화질소

15) 관리업체 지정절차 중 올바른 것은? (　　)
　　① 관리업체 선정 및 목록제출[관장기관-총괄기관(5.30.까지)]
　　② 부문별 관리업체 지정 고시[관장기관-(6.30.까지)]
　　③ 지정에 대한 이의신청[관장기관-업체(지정 후 40일 이내)]
　　④ 명세서, 이행실적보고서 제출[업체-관장기관(12.31.까지)]

16) 온실가스 유발물질 중 GWP지수 값이 틀린 것은? (　　)
　　① CO2(이산화탄소): GWP는 1
　　② HFCS(수소화불산화탄소): GWP는 1,400~11,700
　　③ CH4(메탄): GWP는 21
　　④ N20(아산화질소): GWP는 310

17) TOE의 단위 설명이 바른 것은? (   )

① 에너지량을 나타내는 단위로 천연가스 환산톤이다.

② 에너지량을 나타내는 단위로 석탄 환산톤이다.

③ 에너지량을 나타내는 단위로 전기 환산톤이다.

④ 에너지량을 나타내는 단위로 석유 환산톤이다.


18) 배출량 산정/보고의 원칙 중 틀린 것은? (   )

① 적절성 – [온실가스·에너지 목표관리제]의 지침의 요구사항에 의거하여 배출량을 산정하여야 한다.

② 완전성 – 모든 배출활동 및 배출원을 규명하여야 한다.

③ 일관성 – 시간 경과에 관계없이 배출량을 비교분석할 수 있도록 배출량을 산정하여야 한다.

④ 정확성 – 과다 또는 과소 산정의 오류가 발생하지 않도록 유의하여 산정한다.


19) 조직경계의 관리 자료가 아닌 것은? (   )

① 사업자인감  ② 법인등기부등본  ③ 건축물관리대장  ④ 사업장 위치도/항공사진


20) <표-43> 측정기기의 기호 및 종류 중 틀린 기호는? (   )

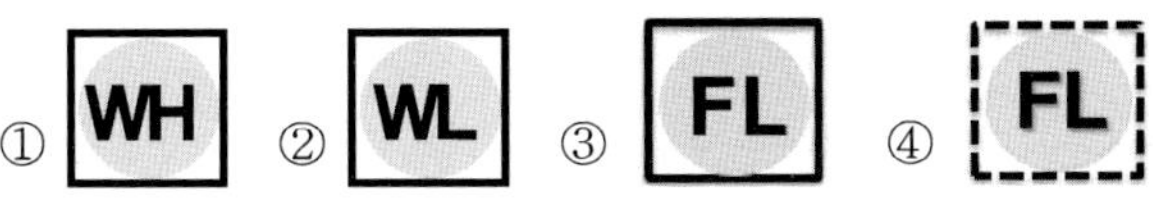



21) 품질관리(QC)의 활동으로 틀린 것은? (   )

① 자료의 무결성, 정확성 및 완전성을 보장하기 위한 일상적이고 일관적인 검사의 제공

② 측정기기의 주기적인 검·교정 실시

③ 각 자료의 단위에 대한 정확성 확인

④ 측정기기의 계측 정확성을 검·교정 절차를 통하여 주기적으로 확인하고, 국제적 측정 기준과 비교하여 관련 검·교정 내역을 문서화한다.


22) 주체별 역할분담에서 환경부장관이 담당하는 업무가 아닌 것은? (   )

① 목표관리에 관한 제도 운영 및 총괄·조정

② 부문별 관장기관이 지정·고시한 관리업체 관리

③ 목표관리에 관한 종합적인 기준과 지침의 제·개정 및 운영

④ 부문별 관장기관 등의 소관 사무에 관한 종합적인 점검·평가

23) 조기감축실적으로 인정될 수 있는 것은? (    )

① 관리업체가 법적 규제·기준을 충족하기 위하여 실시한 사업의 결과에 수반하여 온실가스 배출량이 감소된 경우

② 관리업체의 생산량이 감소하거나 조직경계 내 배출시설의 폐쇄 등으로 인하여 온실가스 배출량이 감소된 경우

③ 관리업체 내 온실가스 배출시설을 조직경계 외부 또는 외국으로 이전하여 온실가스 배출량이 감소된 경우

④ 조기감축실적은 국내에서 실시한 행동에 의한 감축분에 한하여 그 실적을 인정한다.


24) 검증기관의 사유발생 시 변경신고를 하지 않아도 되는 것은? (    )

① 검증기관 사무실 소재지의 변경

② 법인 및 대표자가 변경된 경우

③ 검증관련 외부 업무규정의 변경

④ 검증심사원의 변경


25) 배출시설종류에 해당하지 않는 것은? (    )

① 항공  ② 자동차  ③ 철도  ④ 선박


26) 배출량 산정과정의 품질관리 체크리스트 확인사항이 아닌 것은? (    )

① 배출량 산정 시 정확한 단위 사용 여부

② 조직경계설정의 적절성 여부 확인

③ 배출량 산정방법론의 변경의 적절성 여부

④ 온실가스 배출량의 직접배출 여부


27) 다음은 온실가스·에너지 목표관리 운영 등에 관한 지침에 나오는 용어의 설명이 잘못된 것은? (    )

① "공정배출"이란 제품의 생산 공정에서 원료의 물리·화학적 반응 등에 따라 발생하는 온실가스의 배출을 말한다.

② "배출계수"란 당해 배출시설의 단위 연료 사용량, 단위 제품 생산량, 단위 원료 사용량, 단위 폐기물 소각량 또는 처리량 등 활동자료 단위당 발생하는 온실가스 배출량을 나타내는 계수를 말한다.

③ "산정등급(Tier)"이란 활동자료, 배출계수, 산화율, 전환율 및 온실가스 배출량 등의 산정방법의 복잡성을 나타내는 수준을 말한다. 일반적으로 산정등급이 올라갈수록 산정결과의 정확도는 낮아지는 경향을 보인다.

④ "온실가스"란 적외선 복사열을 흡수하거나 재방출하여 온실효과를 유발하는 가스상태의

물질로서 법 제2조 제9호에서 정하고 있는 이산화탄소(CO2), 메탄(CH4), 아산화질소(N2O), 수소불화탄소(HFCs), 과불화탄소(PFCs) 또는 육불화황(SF6) 등을 말한다.

⑤ "총발열량"이란 일정 단위의 연료가 완전 연소되어 생기는 열량(연료 중 수증기의 잠열까지 포함한다)으로서 에너지사용량 산정에 활용된다.

28) 다음 중 "저탄소 녹색성장 기본법"의 핵심내용이 아닌 것은? (　　)

① 온실가스 배출량 및 에너지 사용량 등의 보고(제44조)

② 총량 제한 배출권 거래제 등의 도입(제46조)

③ 녹색 건축물의 확대(제54조)

④ 녹색성장을 위한 생산·소비문화의 확대(제57조)

⑤ 수질 및 수생태계의 보전(제99조)

29) 다음은 "저탄소 녹색성장기본법 시행령"의 주요 내용을 업무 진행 순서에 따라 나열한 것이다. 알맞은 것은? (　　)

① 관리업체의 지정 → 목표수립 및 관리 → 공인된 검증기관에 의한 검증 → 보고 및 관리절차 → 공개정보의 관리

② 관리업체의 지정 → 목표수립 및 관리 → 공개정보의 관리 → 공인된 검증기관에 의한 검증 → 보고 및 관리절차

③ 공개정보의 관리 → 보고 및 관리절차 → 목표수립 및 관리 → 관리업체의 지정 → 공인된 검증기관에 의한 검증

④ 공개정보의 관리 → 목표수립 및 관리 → 보고 및 관리절차 → 관리업체의 지정 → 공인된 검증기관에 의한 검증

⑤ 공개정보의 관리 → 공인된 검증기관에 의한 검증 → 목표수립 및 관리 → 보고 및 관리절차 → 관리업체의 지정

30) 다음 중 온실가스 배출량 등 산정보고의 원칙과 가장 관련이 없는 것은? (　　)

① 적절성(Relevance)　　② 완전성(Completeness)

③ 일관성(Consistency)　④ 불확실성(Uncertainty)　　⑤ 정확성(Accuracy)

31) 다음의 설명 중 온실가스 배출량 등 산정보고의 내용과 가장 적절하지 않은 것은? (　　)

① 배출요소 중 고정연소는 고체연료연소, 액체연료연소, 기체연료연소로 나눌 수 있다.

② 배출요소 중 이동연소에는 항공, 도로수송, 철도(전철 등 포함), 선박으로 나눌 수 있다.

③ "순발열량"이란 일정 단위의 연료가 완전 연소되어 생기는 열량에서 연료 중 수증기의 잠열을 뺀 열량으로서 온실가스 배출량 산정에 활용되는 발열량을 말한다.

④ "온실가스 간접배출"이란 관리업체가 외부로부터 공급된 모든 종류의 전기 또는 열을 사

용함으로써 발생되는 온실가스 배출을 말한다.

⑤ "조기 감축실적"이란 관리업체가 조기행동을 통해 기준 배출량에 비하여 온실가스를 감축한 것으로 이 지침에서 정하는 유형, 방법 및 절차에 따라 인정된 부분을 말한다.

32) 온실가스 감축 실적에 따른 다음의 설명 중 잘못된 내용은? (    )

① 국내는 물론 국외에서 실시한 모든 조기행동에 따른 감축실적 모두를 인정한다.

② 사업장 단위 감축실적(총량기준 감축분)과 사업단위 감축실적 모두를 인정한다.

③ 조기감축실적 중 법적 규제·기준을 준수한 결과에 수반하여 감축한 경우는 인정하지 않는다.

④ 조기감축실적 중 생산량감소, 시설폐쇄·위탁 등 조직경계 변경을 통하여 가축한 경우는 인정하지 않는다.

⑤ 조기감축실적 중 감축 실적을 정부가 재정적으로 이미 보상한 경우는 인정하지 않는다.

33) 온실가스 메커니즘 중에 선진국 간에 허용 배출량 중 일부를 거래하는 제도는? (    )

① ET(Emission Trading: 배출권 거래제도)

② JI(Joint Implementaion: 공동이행제도)

③ CDM(Clean Development Mechanism: 청정개발 체제)

④ 온실가스 인벤토리(Inventory)

⑤ 교토의정서(Kyoto Protocol)

34) 온실가스 산정방법에 대한 설명 중 온실가스·에너지 목표관리 운영 등에 관한 지침의 내용과 다른 것은? (    )

① 항공기 엔진의 연소가스는 대략 $CO_2$ 70%, $H_2O$ 30% 이하, 기타 대기오염물질 1% 미만으로 구성되어 있으며, 최신 기술이 적용된 항공기에서는 $CH_4$와 $N_2O$는 거의 배출되지 않는다.

② 항공기에서 배출되는 오염물질의 약 10%는 공항 내에서의 운행과 이착륙 중에 발생하고, 90%가량이 높은 고도에서 발생한다.

③ 국제선 운항(국제벙커링)에 따른 온실가스 배출량 등은 산정·보고에서 제외한다.

④ 관리업체의 조직경계 내에 발전설비가 위치하여 생산된 전력을 자체적으로 사용할 경우에도 간접적 온실가스 배출량 산정에 포함한다.

⑤ 외부에서 공급된 전기 사용에 따른 간접배출량의 산정·보고 범위는 배출시설 단위가 아닌 사업장 단위로 정한다.

35) 온실가스 측정기기와 인벤토리에 관한 설명으로 옳지 않은 것은? (    )

① WH 상거래 또는 증명에 사용하기 위한 목적으로 측정량을 결정하는 법정계량에 사용

하는 측정기기

② FL 관리업체가 자체적으로 설치한 계량기로서, 국가표준기본법 제14조에 따른 시험기관 등에서 주기적인 정도검사를 받는 측정기기

③ FL 관리업체가 자체적으로 설치한 계량기이나, 주기적인 정도검사를 실시하지 않는 측정기기

④ 품질관리(Quality Control)는 배출량 산정결과의 품질을 평가 및 유지하기 위한 일상적인 기술적 활동의 시스템이며, 이는 배출량 산정담당자에 의해 수행된다.

⑤ 품질보증(Quality Assurance)은 배출량 산정 과정에 직접적으로 관여한 사람에 의해 수행되는 검토 절차의 계획된 시스템을 의미한다.

36) 지침에서 사용되는 용어의 뜻으로 틀린 것은? (　　)

① "검증"이란 온실가스 배출량과 에너지 소비량의 산정과 조기감축실적 및 외부감축실적의 산정이 이 지침에서 정하는 절차와 기준 등에 적합하게 이루어졌는지를 검토·확인하는 체계적이고 문서화된 일련의 활동을 말한다.

② "검증기관"이란 검증을 전문적으로 할 수 있는 인적·물적 능력을 갖춘 기관으로서 환경부장관이 부문별 관장기관과의 협의를 거쳐 지정·고시하는 기관을 말한다.

③ "검증심사원"이란 검증 업무를 수행할 수 있는 능력을 갖춘 자로서 일정 기간 해당분야 실무경력 등을 갖추고 제102조에 따라 등록된 자를 말한다.

④ "검증팀"이란 검증을 받는 자(이하 "피검증자"라 한다)에 대한 검증을 수행하는 1인 이상의 검증심사원과 이를 보조하는 검증심사원보로 구성된 집단을 말한다.

37) "온실가스"란 적외선 복사열을 흡수하거나 재방출하여 온실효과를 유발하는 가스상태의 물질로서 법 제2조 제9호에서 정하고 있다. 다음 중 온실가스의 종류가 아닌 것은 무엇인가? (　　)

① 이산화탄소(CO2)　② 티탄(Ti)　③ 아산화질소(N2O)　④ 메탄(CH4)

38) 이행계획서의 작성 및 제출 방법으로 틀린 것은? (　　)

① 부문별 관장기관으로부터 다음 연도 목표를 통보받은 관리업체는 당해 연도 9월 30일까지 전자적 방식으로 다음 연도 이행계획을 작성하여 부문별 관장기관에 제출하여야 한다.

② 제1항의 이행계획에는 다음 연도를 시작으로 하는 5년 단위의 연차별 목표와 이행계획이 포함되어야 한다.

③ 이행계획 수립의 세부적인 작성양식 및 방법 등은 별지 제7호 서식에 따른다.

④ 부문별 관장기관은 소관 관리업체의 이행계획이 적절하게 수립되었는지를 확인하고 이를 1월 31일까지 센터에 제출하여야 한다. 다만, 이행계획을 센터에 제출한 이후에도 계획이 부실하게 작성되었거나 보완이 필요한 경우에는 해당 관리업체에 시정을 요청할 수 있으며, 시정된 이행계획을 받는 즉시 센터에 제출하여야 한다.

39) 이행실적 보고서의 작성 방법으로 틀린 것을 고르시오. (   )

   ① 관리업체는 이행계획에 대한 실적(이하 "이행실적"이라 한다)을 전자적 방식으로 작성하여 매년 3월 31일까지 부문별 관장기관에 제출하여야 한다.

   ② 관리업체는 제11조의 소량배출사업장에 대해서는 제67조의 이행실적 보고서에 포함하지 않을 수 있다. 다만, 관리업체는 소량배출사업장별 온실가스 배출량 등을 부문별 관장기관에 제출하여야 한다.

   ③ 제1항의 규정에도 불구하고 관리업체가 부문별 관장기관의 개선명령을 반영하여 수립한 이행계획의 이행실적에 대해서는 검증기관의 검증을 거치지 않아도 된다.

   ④ 제1항의 소량배출사업장별 온실가스 배출량 등은 별지 제13호 서식의 소량배출사업장 실적현황에 따라 작성한다.


40) 센터는 시행령 제31조에 따라 부문별 관장기관으로부터 제출받은 다음 각 호의 사항에 대하여 등록부를 구축하고 전자적 방식으로 통합 관리·운영하여야 한다. 다음 중 그 해당 사항이 아닌 것은? (   )

   ① 관리업체의 상호 또는 명칭      ② 관리업체의 대표

   ③ 관리업체의 본점의 소재지      ④ 관리업체 지정에 관한 사항


41) 주체별 업무분담에서 부문별 관장기관이 해당 업무를 수행하기 위해 필요한 경우 소속기관 또는 공공기관에 담당하게 할 업무가 아닌 것은? (   )

   ① 관리업체 선정·지정을 위한 자료의 조사·분석·관리

   ② 관리업체의 지정을 위한 연구 및 지원

   ③ 관리업체 지정에 대한 이의신청 재심사

   ④ 기타 부문별 관장기관이 목표관리 운영에 필요하다고 생각되는 사항


42) 2012년 1월 1일 이후부터 가동을 개시하는 신·증설 배출시설의 배출 허용량 정할 시 고려 사항이 아닌 것은? (   )

   ① 해당 신·증설 시설의 설계용량 및 일일 최대 가동 시간

   ② 해당 신·증설 시설의 목표설정 대상연도의 가동일수

   ③ 해당 신·증설 시설의 벤치마크 할당계수

   ④ 해당 신·증설 시설의 전체수량


43) 온실가스·에너지 목표관리제의 법령과 관련 없는 것은? (   )

   ① 저탄소 녹색성장 기본법

   ② 온실가스·에너지 목표관리 시행규칙

   ③ 저탄소 녹색성장 기본법 시행령

④ 온실가스・에너지 목표관리 운영 등에 관한 지침

44) 온실가스 배출량 및 에너지 소비량의 검증에 대해 맞는 것은? (　　)
　　① 검증은 객관적인 자료와 증거 및 관련 규정에 따라 사실에 근거하여야 하고 그 내용을
　　　정확하게 기록하여야 한다.
　　② 검증하는 과정에서 필요한 경우에는 피검증자의 의견만 수렴해도 된다.
　　③ 검증팀은 검증의 수준을 유지할 수 있도록 노력하여 상식적인 보증 수준을 확보・제공하
　　　여야 한다.
　　④ 검증기관은 검증을 위해 피검증자에게 서면 또는 전자적 방식이 아닌 직접 서면으로만
　　　관련 자료제출을 요구할 수 있다.

45) 부문별 관장기관은 관리업체가 제출한 이행실적 보고서에 대해 확인하여야 할 사항 중 틀린
　　것은? (　　)
　　① 이행계획과의 연계성 및 정확성 여부
　　② 온실가스 배출량 등의 산정・보고 기준 준수 여부
　　③ 목표에 대한 이행계획 수립 여부
　　④ 개선명령의 이행 여부

46) 다음 중 온실가스 배출량 산정 대상 물질이 아닌 것은? (　　)
　　① 수소화불탄소　② 메탄　　③ 아산화질소　　④ 일산화탄소

47) 다음 중 검증기관이 국립환경과학원장에게 변경신고를 하여야 하는 경우가 아닌 것은? (　　)
　　① 검증기관 사무실 소재지의 변경　　　② 검증 전문분야의 변경
　　③ 법인 및 대표자가 변경된 경우　　　④ 검증 보조심사원의 변경

48) 다음 중 온실가스 검증절차별 업무내용이 아닌 것은? (　　)
　　① 검증대상의 파악　　　　　　　　② 리스크 평가
　　③ 현장검증 실시　　　　　　　　　④ 검증결과 보고

49) 사업장 내의 시설에 의해 누출되는 온실가스 배출원으로 냉방기, 냉동 기, 에어건 등에 사용
　　되는 냉매의 누출, 소화설비, 변전설비에 사용되는 가스의 누출 등이 포함되는 것은 무엇인
　　가? (　　)
　　① 가스배출　② 출루배출　③ 탈루배출　④ 공정배출

50) 다음 중 탄소시장 비즈니스 모델이 아닌 것은? (　　)

① 비용 절감형   ② 수익 창출형   ③ 서비스 제공형   ④ 사용 안전형

51) 온실가스 배출량 산정방법에서 산정등급의 시설규모에 따른 분류 중 틀린 것은? (    )

   ① A그룹: 5만tCO2/yr 미만   ② B그룹: 50만tCO2/yr 미만

   ③ C그룹: 50만tCO2/yr 이상   ④ D그룹: 100만tCO2/yr 이상

52) [별표 1] 2012년도 관리업체(업체) 지정 온실가스 배출량 및 에너지 소비량 지정기준(제8조 관련) 중 맞는 것은? (    )

| | 구 분 | 온실가스 배출량<br>(kilotonnes CO2 – eq) | 에너지 소비량<br>(terajoules) |
|---|---|---|---|
| ① | 2012년 1월 1일부터 | 125 이상 | 500 이상 |
| ② | 2012년 1월 1일부터 | 100 이상 | 420 이상 |
| ③ | 2012년 1월 1일부터 | 87.5 이상 | 350 이상 |
| ④ | 2012년 1월 1일부터 | 50 이상 | 200 이상 |

53) [지침별표 14] 보고대상 온실가스(고체연료, 기체연료, 액체연료) 산정방법론 중 산정등급 적용이 틀린 것은? (    )

| 구분 | ①<br>$CO_2$ | ②<br>$CO_2$ | ③<br>$CH_4$ | ④<br>$N_2O$ |
|---|---|---|---|---|
| 산정방법론 | Tier 1 | Tier 1,2,3,4 | Tier 1 | Tier 1 |

54) "온실가스·에너지 목표관리 운영 등에 관한 지침 제정이유는 '저탄소 녹색성장 기본법' 제정에 따라 온실가스·에너지 목표관리 추진을 위한 (가) 지정, (나)의 설정 및 (다) 산정, 검증 등 목표관리의 효율적인 추진을 위한 세부적인 사항과 절차 등을 규정하려는 것이다"에서 (가), (나), (다)에 알맞은 것으로 짝지어진 것은? (    )

| | (가) | (나) | (다) |
|---|---|---|---|
| ① | 관리업체 | 목표 | 배출량 |
| ② | 관리업체 | 목표 | 생산량 |
| ③ | 협력업체 | 목적 | 배출량 |
| ④ | 협력업체 | 목적 | 생산량 |
| ⑤ | 외주업체 | 목표 | 배출량 |

55) 온실가스 검증의미에 맞지 않는 것은? (    )

   ① 온실가스 배출량과 에너지 소비량의 산정을 의미한다.

   ② 조기감축실적 및 외부감축실적의 산정을 의미한다.

   ③ 기계로 산정한다.

   ④ 검토·확인하는 체계적이고 문서화된 일련의 활동을 의미한다.

56) 매개변수에 해당하지 않는 것은 무엇인가? (　　　)
　　　① 배출계수　② 발열량　③ 산화율　④ 전환율

57) 배출계수에 해당하지 않는 것은? (　　　)
　　　① 탄소함량　② 연료사용량　③ 제품생산량　④ 원료사용량

58) 배출시설에 해당하는 것은 무엇인가? (　　　)
　　　① 제품을 생산하는 작업을 말한다.
　　　② 온실가스를 배출하는 시설물, 기계 기구를 말한다.
　　　③ 작업장을 말한다.
　　　④ 온실가스 배출하는 발열량을 말한다.

59) 산정등급에 해당하지 않는 것은? (　　　)
　　　① 배출계수　② 활동자료　③ 산화율　④ 전환율

60) 순발열량의 뜻에 맞는 것은? (　　　)
　　　① 배출계수에서 완전연소 열량을 뺀 열량이다.
　　　② 총에너지열량에서 수증기의 잠열을 뺀 열량이다.
　　　③ 총에너지열량에서 완전연소 열량을 뺀 열량이다.
　　　④ 완전연소 열량에서 총에너지열량에서 수증기의 잠열을 뺀 열량이다.


## Ⅲ. [단답형] 아래의 문항이 맞는 답을 쓰세요.

※ (　　) 안에 알맞은 말은 채우시오. (1~3)

1) (　　　　)(이)란 두 개 이상 변수 사이의 상관관계를 나타내는 변수로서 온실가스 배출량 등을
　　산정하는 데 필요한 배출계수, 발열량, 산화율, 탄소함량 등을 말한다.
　　(　　　　　　)

2) (　　　　　　)(이)란 이 지침에 따라 법 제42조 제5항의 관리업체별로 목표가 설정된 이후
　　목표의 이행·달성을 관리하는 연도를 말하며, 목표를 부여받은 다음 해 1월 1일부터 12월
　　31일까지가 된다.
　　(　　　　　　)

3) 일정 단위의 연료가 완전 연소되어 생기는 열량에서 연료 중 수증기의 잠열을 뺀 열량으로서 온실가스 배출량 산정에 활용되는 발열량을 (　　　　)이라 한다.

（　　　　　　）

4) 연소공정 중 분쇄한 회분의 융점이 낮은 석탄을 태워 주로 유틸리티 생산이나 큰 규모의 산업 설비에 쓰이는 것은?

（　　　　　　　）

5) 다음 빈칸에 공통적으로 들어갈 단어를 쓰시오.
（　　　　　　）는 농업 작물, 농임산 부산물, 또는 유기성 폐기물 등으로 생물 또는 생물 기원의 모든 유기체 및 유기물을 포함한다. （　　　　　　）는 바이오 에너지를 생산하기 위한 원료로 사용되기도 하며, 매립시설 및 소각시설 등을 통하여 폐기물로서 처리되기도 한다.

（　　　　　　　）

6) 다음의 보기에서 설명하는 연료는 무엇인가?
자연적으로 발생하며 다양한 농도 및 점도를 가지는 탄화수소의 혼합물로 구성된 광물성 오일을 말한다.

（　　　　　　　）

7) 온실가스 배출량 산정보고의 원칙 3가지를 적으시오.

（　　　　　　　　　　　　　）

8) 온실가스 감축 실적의 인정 상한선은 관리업체 총 배출 허용량의 얼마인가?

（　　　　　　　）

9) 시설규모에 따라 A그룹: 5만 미만, B그룹: 5~50만 미만, C그룹: 50만 이상으로 구분된다. 여기서, 사용되는 단위는?

（　　　　　　　）

10) [지침 별표 14] 온실가스 산정방법(고정연소) 배출량 산정방법론
다음 산정식 중 괄호 안에 들어갈 기호는?

***Tier 1~3***

$$E_{i,j} = Q_i \times EC_i \times EF_{i,j} \times f_i \times F_{eq,j} \times (\qquad)$$

<보기>
$10^{-3}$, $10^{-6}$, $10^{-9}$, $10^{-12}$

11) 온실가스 배출요소에는 고정연소, 이동연소, 탈루연소, 산업공정배출 등이 있다. 이 중 고정
연소의 종류는?
(   )

12) 이산화탄소($CO_2$) 발생량은?
전기 1kwh: (   ), 수돗물 $1m^3$: (   ), 도시가스 $1m^3$: (   )

13) 유연탄이나 갈탄에 비하여 고정탄소가 많고 휘발성분이 적은 고급탄이며, 높은 정화온도와
높은 회분의 용해온도를 갖는 것은?
(   )

14) 배출량 산정의 정확성과 객관성을 향상시키기 위해 내부검증팀 구성, 계획 및 보고서 작성,
교육 훈련 등 일련의 표준화된 내부활동으로 수행되는 것은?
(   )

15) 다음은 온실가스 배출량 산정보고의 절차이다. (가)와 (나)에 알맞은 용어를 쓰시오.
조직경계 설정 → 배출원 규명, 구분 → (가) 유형 및 방법 설정 → 배출량 산정/모니터링
체계 구축 → 배출원별 산정 방법론 선택 → (나) 산정(  ) → 명세서 작성 → 제3
자 검증(  ) → 명세서 제출(  )

16) 다음 괄호 (가)에 공통적으로 들어갈 단어는?
(   )
(가)는 농업 작물, 농임산 부산물, 또는 유기성 폐기물 등으로 생물 또는 생물 기원의 모든
유기체 및 유기물을 포함한다. (가)는 바이오 에너지를 생산하기 위한 원료로 사용되기도 하
며, 매립시설 및 소각시설 등을 통하여 폐기물로서 처리되기도 한다.

17) 자료의 수집 및 계산에 대한 정확성 검사와 배출량 감축량의 계산·측정, 불확도 산정, 정보
의 보관 및 보고를 위한 공인된 표준 절차의 이용과 같은 일반적인 방법이 포함되는 활동을
무엇이라 하는가?
(   )

18) 검증보고서를 전자적 방식으로 제출하는 분야는 무엇인가?
1. 농림수산식품부는 (   ) 분야, (   ) 분야
2. 지식경제부는 (   ) 분야, (   ) 분야
3. 환경부는 (   ) 분야

19) 고정연소 배출량 산정식을 쓰세요.

  (                                      )


20) 다음은 지구온난화 온실가스 종류에 대한 설명이다. 보기에서 해당하는 온실가스는?

  (              )


<보기>
천연가스(LNG)의 주성분이며, 음식물 쓰레기가 부패할 때와 소나 닭과 같은 가축의 배설물에서도
발생한다. 발생량은 이산화탄소에 비하여 아주 작은 양이지만 1분자가 일으키는 온실효과는 이산
화탄소의 약 20배 이상으로 지구 전체 온실효과의 15~20% 이상 차지한다.


## Ⅳ. [서술형] 아래의 문항들에 맞는 답을 쓰세요.


1) 온실가스 배출량 등 산정보고의 5대 원칙을 기술하시오.

(해설)


2) 온실가스 배출량 등의 검증절차 3단계에 대해 서술하시오.


3) Tier등급의 적용범위와 오차범위를 쓰시오.


4) 배출량 산정의 기초정보 수집의 순서를 쓰세요.


5) 산정등급(Tier)이란?

6) "온실가스"란?


7) "적격성"이란?


8) "최적가용기술(Best Available Technology)"이란?


9) 관리업체의 온실가스 배출량 등의 산정·보고 체계에 대해서 작성하시오.


별표 10과 같다. 관리업체가 온실가스 배출량 등을 산정·보고하는 절차는 별표 11과 같다.

10) 온실가스 배출량 산정 대상물질 3가지를 적으시오.


11) 온실가스 인벤토리에 대한 정의는 무엇인가?


# V. [계산형] 아래의 문항들이 요구하는 계산을 하세요.

1) 회사에서 전기를 6,487,640kwh 사용하였다고 한다. 온실가스 배출량은 얼마인가?

2) 2006년식 디젤승용차를 2011년도에는 17,035km를 주행하고 1010.11Liter의 디젤연료를
   소비했다. 온실가스 배출량은 얼마인가?




3) 제품생산을 위하여 정제유를 연간 2,858,515kg을 사용하였다면 온실가스 배출량은 얼마인가?

4 ) 회사 식당에서 LPG를 연간 1,060kg을 사용하였다고 한다. 온실가스 배출량은 얼마인가?

5 ) 제품생산을 위하여 무연탄을 수입하여 2,361.127톤을 사용하였다. 온실가스 배출량은 얼마인가?

기출문제지

[주기] 아래의 문제에서 「지침」이란 용어는 환경부 고시(제 2011 – 29호)인 「온실가스·에너지 목표관리 운영 등에 관한 지침」을 의미한다.

## Ⅰ. [진위형, 1~7] 아래 문항들이 맞으면 ○, 틀리면 ×라고 답하세요. (총 14점)

### 문제 1)

소량배출사업장에 해당되는 온실가스 배출량·에너지소비량의 규모로서 보고를 생략할 수 있는 규모는 3,000tCO_2eq, 15TJ 미만인 사업장으로서 회사 전체 배출 총량의 5%(50/1,000) 미만이면서 관리사업장 지정 규모 미만이어야 한다. (2점) (      )

### 문제 2)

관리업체가 온실가스 배출량 및 에너지 사용량 산정에 필요한 자료와 기타 온실가스 에너지 관련 자료의 연속적·주기적인 감시, 측정 및 평가에 관한 세부적인 방법·절차·일정 등을 규정하여 관장기관에 제출하는 계획을 이행계획서라고 한다. (2점) (      )

### 문제 3)

온실가스 목표제의 관리업체로 지정된 회사는 이행계획서를 관장기관에 제출하여야 하며, 제출시한은 다음 해 1월31일까지이다. (2점) (      )

### 문제 4)

배출시설의 배출량 규모에 따른 산정등급(tier) 분류기준에 따라 배출시설에서 배출되는 배출량이 240,000tonCO_2 – eq의 경우 Category "C"에 해당된다. (2점) (      )

### 문제 5)

관리업체가 렌트카회사로부터 임대하여 사용하는 차량도 온실가스 배출량에 포함되어야 한다. (2점) (      )

### 문제 6)

제조업인 회사에서 사용 중인 지게차의 연료로 경유를 사용하고 산정등급 Tier 1인 경우 매개변수 중 배출계수를 「지침 [별표 17]의 2006 IPCC 국가 인벤토리 가이드라인 기본 배출계수」를 적용하였다면, 표와 같다. (2점) (      )

(단위: kgGHG/TJ)

| 연료명 | 국내에너지원 | $CO_2$ | $CH_4$ | | | | $N_2O$ | |
|---|---|---|---|---|---|---|---|---|
| | | | 에너지산업 | 제조업 건설업 | 상업공공 | 가정 기타 | 에너지산업 제조업 건설업 | 상업공공 가정 기타 |
| 가스/디젤 오일 | 경유, B-A | 74,100 | 3 | 3 | 10 | 10 | 0.6 | 0.6 |

문제 7)

회사소유의 건물이 관리사업장으로 지정되어 온실가스 배출량을 산정하였는데 다른 업체가 일부 층에 입주해 있다. 입주한 업체는 관리업체가 대상이다. 입주해 있는 업체는 별도의 전력계량기를 달고 매월 사용량을 정산하고 있다. 입주한 업체의 전기사용량은 배출량 산정에서 제외시켰다. (2점) (   )


## Ⅱ. [선다형, 8~16] 아래 문항들에서 제시하는 답을 기호로 쓰세요. (총 18점)


문제 8)

온실가스 배출량 산정방법(활동자료, 배출계수, 산화율, 전환율, 배출량)의 복잡성을 나타내는 수준을 나타내는 것은? (2점) (   )

① 간접배출  ② 산정등급  ③ 중요성  ④ 배출계수


문제 9)

조직경계 설정 시 필요한 정보로 적합하지 않은 것은? (2점) (   )

① 배출시설  ② 시설 배치도  ③ 조직도  ④ 건축물대장


문제 10)

온실가스 총배출량이 10만 톤인 기업의 사업장 중 대전은 2,900tCO2eq, 인천은 2,200tCO2eq, 부산은 2,100tCO2eq 세 곳이 있다면, 지침에 따라 소량배출사업장으로 보고 가능한 것은? (2점) (   )

① 전체 제외  ② 대전과 인천  ③ 인천과 부산  ④ 대전과 부산


문제 11)

모니터링 계획에 반영될 정보가 아닌 것은? (2점) (   )

① 조직경계                ② 배출시설 및 활동의 목록과 세부 내용
③ 명세서 검증일정          ④ QA/QC 절차

문제 12)

배출량 산정의 정확성과 객관성을 향상시키기 위한 목적으로 내부검증팀의 구성, 내부검증계획 및 보고서 작성, 교육 훈련 등 일련의 표준화된 내부 활동하도록 하고 있는 활동은 무엇인가? (2점) (　　)

① QC(Quality Control)　② TQC　③ 3정 5S　④ QA(Quality Assurance)


문제 13)

인보이스(청구서)를 기준으로 산정하는 방법에 해당되는 것은? (2점) (　　)

① Tier 1　② Tier 2　③ Tier 3　④ 해당 없음.


문제 14)

온실가스 목표관리제에서 목표설정주기는? (2점) (　　)

① 3년　② 2년　③ 1년　④ 부문별 목표 설정에 따른다.


문제 15)

신재생에너지에 해당하지 않는 것은? (2점) (　　)

① 해양에너지　② 태양광　③ 지역난방　④ 폐기물소각


문제 16)

귀사는 온실가스 배출량($CO_2eq$)이 10만 톤을 온실가스배출량을 산정 보고하였다. 검증기관으로부터 합리적 보증수준의 검증을 받기 위하여는 최초 보고량과 검증 후 수량 차이가 몇 % 이내이어야 하는가? (2점) (　　)

① ±2.5%　② ±5%　③ ±7.5%　④ ±10%


## Ⅲ. [단답형, 17~20] 아래의 문항이 맞는 답을 쓰세요. (총 22점)


문제 17)

지침에서 온실가스 배출량 등의 산정결과와 관련하여 정량화된 양을 합리적으로 추정한 값의 분산특성을 나타내는 정도를 말하는 용어는 무엇인가? (5점)

(　　　　　　　)


문제 18)

온실가스 목표제 목적 중의 하나인 「BAU 대비 온실가스 30% 감축」을 달성하고자 하는 연도와 BAU를 간단히 설명하시오. (6점)

문제 19)

사무실에 에어컨이 있다. 매년 에어컨의 프레온 가스를 충진하여 사용한다. 에어컨 충진 시 발생하는 온실가스의 종류는 무엇인가? (6점)

(                    )


문제 20)

회사소유의 건물이 관리사업장으로 지정되어 있다. 다른 업체가 일부 층에 입주해 있다. 입주한 업체는 목표관리제의 관리업체로 지정된 회사이다. 입주해 있는 업체는 자체적으로 별도의 정도검사된 전력계량기를 달고 매월 사용량을 정산하고 있다. 한전에서는 공식적으로 1개의 전력계량기만을 달아서 전기요금을 부과하고 있다. 모니터링계획서의 입주업체에의 전력계량기를 표시하는 모니터링 기호를 쓰세요. (5점)


## Ⅳ. [서술형, 21~22] 아래의 문항들에 맞는 답을 쓰세요. (총 16점)


문제 21)

관리업체로 지정된 회사는 회사차량에 주유량을 파악할 수가 없었다. 총무팀에 의뢰한 결과 사용금액밖에는 모른다고 하였다. 온실가스 배출량을 어떻게 산정할 것인지 기술하시오. (8점)

답:


문제 22)

건물의 각층에 $CO_2$ 소화기가 비치되어 있다. 매년 소화기를 점검하고 소화액을 충진한다. 귀하는 소화기의 $CO_2$의 충진 시 발생하는 $CO_2$가 소량이라서 보고에서 제외할 것인지 아니면 산정하여 보고할 것인지 기술하고, 산정 보고할 것이라면 어떻게 산정할 것인지 기술하시오. (8점)

답:

Ⅴ. [계산형, 23~25] 아래의 문항들이 요구하는 계산을 하세요. (총 30점)


문제 23)

회사에서는 난방을 위하여 인근소각장에서 연간 1,000Tj의 열을 공급받아 사용하였다. 열을 제공한 회사는 열을 생산하기 위하여 MJ당 $70kg-CO_2-eq$를 배출한다고 하였다. 산정 보고할 온실가스 배출량 및 에너지 소비량에 대한 산정과정을 기술하고 산정값을 쓰세요. (10점)

답:


문제 24)

회사의 전기 사용량은 월평균 500Kwh를 사용한 것으로 나타났다. (단, 전력배출계수는 아래의 <표-42>와 같다)

산정보고할 온실가스 배출량 및 에너지 소비량에 대한 산정과정을 기술하고 산정값을 쓰세요. (10점)

단, 온실가스의 $CO_2$ 등가계수($CH_4=21$, $N_2O=310$), 전력의 총발열량은 9TJ/GWh임.

**〈표-42〉 국가 고유 전력배출계수('07~'08년 평균)**

| 구분 | $CO_2$ | $CH_4$ | $N_2O$ |
|---|---|---|---|
| | ($tCO_2$ /Mwh) | ($kgCH_4$ /Mwh) | ($kgN_2O$/Mwh) |
| 2개년 평균('07~'08) | 0.4653 | 0.0054 | 0.0027 |

답:

문제 25)

제조업인 회사소유의 승합자동차는 경유를 사용하며 연간 10,000리터를 사용하였다. 배출계수는 산정등급 Tier 1을 적용하고 발열량은 Tier 2를 적용하도록 되어 있다. 아래의 표는 해당 산정등급에 필요한 배출계수와 발열량 표이다. 산정 보고할 온실가스 배출량과 및 에너지 사용량에 대한 산정과정을 기술하고 산정값을 쓰세요.

단, 온실가스의 $CO_2$ 등가계수 ($CH_4$=21, $N_2O$=310)임. (10점)

### 연료별, 온실가스별 기본 배출계수

| 연료 종류 | 기본 배출계수 (1kg/TJ) | | |
| --- | --- | --- | --- |
| | $CO_2$ | $CH_4$ | $N_2O$ |
| 휘발유 | 69,300 | 25 | 8.0 |
| 경유 | 74,100 | 3.9 | 3.9 |
| LPG | 63,100 | 62 | 0.2 |
| 등유 | 71,900 | - | - |
| 윤활유 | 73,300 | - | - |
| CNG | 56,100 | 92 | 3 |
| LNG | 56,100 | 92 | 3 |

출처: 2006 IPCC 국가 인벤토리 작성을 위한 가이드라인

### 연료별 국가 고유 발열량(에너지법 시행규칙 별표)
### (제46조제2항 관련)

| 연료명 | 단위 | | 총발열량 | 순발열량 |
| --- | --- | --- | --- | --- |
| | 에너지법 시행규칙 상 | TJ로 환산시 | | |
| 경유 | MJ/□ | TJ/1000㎥ | 37.9 | 35.4 |

답:

# 시험문제 총정리 (답)



Ⅰ. [진위형] 아래 문항들이 맞으면 ○, 틀리면 ×라고 답하세요.

1) ( ○ )
2) ( × )
3) ( ○ )
4) ( ○ )
5) ( × )
6) ( ○ )
7) ( ○ )
8) ( ○ )
9) ( × )
10) ( × )
11) ( × )
12) ( ○ )
13) ( ○ )
14) ( × )
15) ( ○ )
16) ( ○ )
17) ( ○ )
18) ( × )
19) ( ○ )
20) ( × )
21) ( ○ )
22) ( ○ )
23) ( × )
24) ( ○ )
25) ( ○ )
26) ( ○ )
27) ( ○ )
28) ( × )
29) ( ○ )
30) ( ○ )

Ⅱ. [선다형] 아래 문항들에서 제시하는 답을 고르세요.

1) ( 2 )

2) ( 1 )

3) ( 2 )

4) ( 3 )

5) ( 4 )

6) ( 4 )

7) ( 1 )

8) ( 4 )

9) ( 2 )

10) ( 3 )

11) ( 1 )

12) ( 4 )

13) ( 4 )

14) ( 3 )

15) ( 2 )

16) ( 2 )

17) ( 4 )

18) ( 3 )

19) ( 1 )

20) ( 2 )

21) ( 4 )

22) ( 2 )

23) ( 4 )

24) ( 3 )

25) ( 2 )

26) ( 4 )

27) ( 3 )

28) ( 5 )

29) ( 1 )

30) ( 4 )

31) ( 4 )

32) ( 1 )

33) ( 1 )

34) ( 2 )

35) ( 5 )

36) ( 4 )

37) ( 2 )

38) ( 1 )

39) ( 3 )

40) ( 3 )

41) ( 4 )

42) ( 4 )

43) ( 2 )

44) ( 1 )

45) ( 3 )

46) ( 4 )

47) ( 4 )

48) ( 4 )

49) ( 3 )

50) ( 4 )

51) ( 4 )

52) ( 3 )

53) ( 1 )

54) ( 1 )

55) ( 3 )

56) ( 4 )

57) ( 1 )

58) ( 2 )

59) ( 2 )

60) ( 4 )


Ⅲ. [단답형] 아래의 문항이 맞는 답을 쓰세요.

1) (매개변수)

2) (목표관리 계획기간)

3) (순발열량)

4) (사이클론형 연소)

5) (바이오매스)

6) (원유(Crude oil))

7) (적절성, 완전성, 일관성, 정확성 중 3가지)

8) (1% 이내)

9) (tCO$_2$/yr)

10) **_Tier 1~3_**

$$E_{i,j} = Q_i \times EC_i \times EF_{i,j} \times f_i \times F_{eq,j} \times (10^{-6})$$

11) (고체연료연소, 기체연료연소, 액체연료연소)

12) 전기 1kwh: (424g), 수돗물 1m³: (332g), 도시가스 1m³: (2,240g)

13) (무연탄)

14) (품질보증)

15) 조직경계 설정 → 배출원 규명, 구분 → (가) 유형 및 방법 설정 → 배출량 산정/
모니터링 체계 구축 → 배출원별 산정 방법론 선택 → (나) 산정(계산, 측정) →
명세서 작성 → 제3자 검증(검증기관) → 명세서 제출(등록부)

16) (바이오매스)

17) (온실가스인벤토리)

18) 1. 농림수산식품부는 (농업) 분야, (축산) 분야

    2. 지식경제부는 (산업) 분야, (발전) 분야

    3. 환경부는 (폐기물) 분야

19) (활동량*순발열량*배출계수*산화계수)

20) (메탄(CH4))


## IV. [서술형] 아래의 문항들에 맞는 답을 쓰세요.

|  | 적절성<br>(Relevance) | 완전성<br>(Completeness) | 일관성<br>(Consistency) | 투명성<br>(Transporency) | 정확성<br>(Accuracy) |
|---|---|---|---|---|---|
| 1) |  |  |  |  |  |

2) (1) 1단계: 검증개요 파악

    (2) 2단계: 문서검토 > 리스크 분석 > 데이터 샘플링 계획 수립 > 검증계획 수립

    (3) 3단계: 현장검증 > 검증결과 정리 및 평가

3) Tier 1: IPCC 기본배출계수 적용, 활동자료 오차 ±7.5% 이내

    Tier 2: 국가고유계수 적용, 활동자료 오차 ±5.0% 이내

    Tier 3: 시설 단위 계수 자체개발, 활동자료 오차 ±2.5% 이내

    Tier 4: TMS 이용 배출량 연속 측정

4) (사업현황, 시설배치도, 공정도, 원료흐름도, 공정설명, 기타 온실가스 배출과 관
련된 자료)

5) (활동자료, 배출계수, 산화율, 전환율, 배출량 및 온실가스 배출량 등의 산정방법
의 복잡성을 나타내는 수준을 말한다.)

6) (적외선 복사열을 흡수하거나 재방출하여 온실효과를 유발하는 가스상태의 물질

로서 이산화탄소($CO_2$), 메탄($CH_4$), 아산화질소($N_2O$), 수소불화탄소(HFCs), 과불화
탄소(PFCs) 또는 육불화황($SF_6$) 등을 말한다.)

7) (검증에 필요한 기술, 경험 등의 능력을 적정하게 보유하고 있음을 말한다.)

8) (온실가스 감축 및 에너지 절약과 관련하여 경제적·기술적으로 사용이 가능하
   면서 가장 최신이고 효율적인 기술, 활동 및 운전방법을 말한다.)

9) (배출량 산정 → 이행계획작성(모니터링계획 포함) → 명세서 작성 → 제3자 검
   증기관배출량 검증)

10) (이산화탄소, 메탄, 아산화질소, 수소화불화탄소, 불화탄소, 불화유황, 수증기,
    CFC, 하론1301, NAFS-Ⅲ 중 3가지)

11) (활동으로 인해 발생하는 온실가스를 파악, 기록, 산정, 보고하는 총괄적인 온실
    가스 관리시스템)


Ⅴ. [계산형] 아래의 문항들이 요구하는 계산을 하세요.

1) 풀이)

<표-42> 국가 고유 전력배출계수('07 ~ '08년 평균)

| 구 분 | $CO_2$<br>($tCO_2/MWh$) | $CH_4$<br>($kgCH_4/MWh$) | $N_2O$<br>($kgN_2O/MWh$) |
|---|---|---|---|
| 2개년 평균('07 ~ '08) | 0.4653 | 0.0054 | 0.0027 |

산정식: $CO_2eq\ Emissions = \sum_{j}(Q \times EF_j \times F_{eq,j})$

| 외부전기 | 전력 사용량 | 배출계수 | 등가계수 | 단위환산 | 온실가스 |
|---|---|---|---|---|---|
| 기호 | $Q$ | $EF_j$ | $F_{eq,j}$ | | $CO_2eq$ |
| 단위 | (MWh) | (tGHG/MWh) | ($CH_4$=21)<br>($N_2O$=310) | | ($tCO_2eq$) |
| $CO_2$ | 6,478.620 | 0.4653 | 1 | 1 | 3,014.502 |
| $CH_4$<br>(배출계수 kg $CH_4$/Mwh) | 6,478.620 | 0.0054 | 21 | 1.E-03 | 0.735 |
| $N_2O$<br>(배출계수 kg $N_2O$/Mwh) | 6,478.620 | 0.0027 | 310 | 1.E-03 | 5.423 |
| 합계 | 6,478.620 | | | | 3,020.659 |


답) 3,020.659 t-CO2eq

2) 표)

| | 발열량 | 배출계수($KgCO_2$/Tj) | | |
|---|---|---|---|---|
| | (Mj/L) | $CO_2$ | $CH_4$ | $N_2O$ |
| 경유 | 35.4 | 74,100 | 3.9 | 3.9 |
| 휘발유 | 31 | 69,300 | 3.8 | 5.7 |

※ 온실가스의 $CO_2$ 등가계수는 $CO_2$=1, $CH_4$=21, $N_2O$=310임.

풀이)

산정식: $E_{i,j} = \sum ( Q_i \times EC_i \times EF_{i,j} \times F_{eq.j} \times 10^{-9} )$

| 차량(경유) | 사용량 | 순발열량 | 배출계수 | GWP | 단위환산 | 배출량 |
|---|---|---|---|---|---|---|
| 기호 | Qi | ECi | $EF_{i,j}$ | Feq,i | | $E_{i,j}$ |
| 단위 | L−연료 | MJ/L | kg−GHG/TJ | | | t $CO_2$−eq |
| $CO_2$ | 1,010.110 | 35.4 | 4,100 | 1 | 1.E−09 | 2.650 |
| $CH_4$ | 1,010.110 | 35.4 | 3.9 | 21 | 1.E−09 | 0.003 |
| $N_2O$ | 1,010.110 | 35.4 | 3.9 | 310 | 1.E−09 | 0.043 |
| 합계 | 1,010.110 | | | | | 2.696 |

답) 2.696t $CO_2$−eq

3) 풀이)

산정식: $E_{i,j} = Q_i \times EC_i \times EF_{i,j} \times f_i \times F_{eq.j} \times 10^{-9}$

| 정제유 | 사용량 | 순발열량 | 배출계수 | 산화계수 | GWP | 단위환산 | 배출량 |
|---|---|---|---|---|---|---|---|
| | Qi | ECi | $EF_{i,j}$ | fi | Feq,i | | $E_{i,j}$ |
| 기타석유제품 (제조업) | kg−연료 | TJ/Gg | kg−GHG/TJ | | | | t $CO_2$−eq |
| $CO_2$ | 2,858,515 | 40.2 | 73,300 | 1 | 1 | 1.E−09 | 8,423.072 |
| $CH_4$ | 2,858,515 | 40.2 | 3 | 1 | 21 | 1.E−09 | 7.239 |
| $N_2O$ | 2,858,515 | 40.2 | 0.6 | 1 | 310 | 1.E−09 | 21.374 |
| 합계 | 2,858,515 | | | | | | 8,451.685 |

답) 8,451.685t $CO_2$−eq

4) 풀이)

산정식: $E_{i,j} = Q_i \times EC_i \times EF_{i,j} \times f_i \times F_{eq.j} \times 10^{-9}$

| LPG(회사식당) | 사용량 | 순발열량 | 배출계수 | 산화계수 | GWP | 단위환산 | 배출량 |
|---|---|---|---|---|---|---|---|
| 명칭 | $Q_i$ | $EC_i$ | $EF_{i,j}$ | $f_i$ | $F_{eq,i}$ | | $E_{i,j}$ |
| LPG | kg-연료 | MJ/kg | kg-GHG/TJ | | | | t $CO_2$-eq |
| $CO_2$ | 1,060.000 | 46.3 | 63,100 | 1 | 1 | 1.E-09 | 3.097 |
| $CH_4$ | 1,060.000 | 46.3 | 1 | 1 | 21 | 1.E-09 | 0.001 |
| $N_2O$ | 1,060.000 | 46.3 | 0.1 | 1 | 310 | 1.E-09 | 0.002 |
| 합계 | 1,060.000 | | | | | | 3.099 |

답) 3.099t $CO_2$-eq

5) 풀이)

산정식: $E_{i,j} = Q_i \times EC_i \times EF_{i,j} \times f_i \times F_{eq,j} \times 10^{-6}$

| 무연탄 | 사용량 | 순발열량 | 배출계수 | 산화계수 | GWP | 단위환산 | 배출량 |
|---|---|---|---|---|---|---|---|
| 공장 | $Q_i$ | $EC_i$ | $EF_{i,j}$ | $f_i$ | $F_{eq,i}$ | | $E_{i,j}$ |
| 제조업 수입무연탄 | ton | MJ/kg | kg-GHG/TJ | | | | t $CO_2$-eq |
| $CO_2$ | 2,361.127 | 26.8 | 98,300 | 1 | 1 | 1.E-06 | 6,220.247 |
| $CH_4$ | 2,361.127 | 26.8 | 10 | 1 | 21 | 1.E-06 | 13.288 |
| $N_2O$ | 2,361.127 | 26.8 | 1.5 | 1 | 310 | 1.E-06 | 29.424 |
| 합계 | 2,361.127 | | | | | | 6,262.960 |

답) 6,262.960t $CO_2$-eq

## 기출문제 (답)

---

Ⅰ. [진위형, 1~7] 아래 문항들이 맞으면 ○, 틀리면 ×라고 답하세요. (총 14점)

1) ( ○ )
2) ( ○ )
3) ( × )
4) ( × )
5) ( ○ )
6) ( × )
7) ( ○ )

Ⅱ. [선다형, 8~16] 아래 문항들에서 제시하는 답을 기호로 쓰세요. (총 18점)

8) ( 2 )
9) ( 1 )
10) ( 3 )
11) ( 3 )
12) ( 4 )
13) ( 4 )
14) ( 1 )
15) ( 3 )
16) ( 2 )

Ⅲ. [단답형, 17~20] 아래의 문항이 맞는 답을 쓰세요. (총 22점)

17) (불확도)
18) BAU: Business As Usual

온실가스 배출전망치를 말하는 용어로 우리나라는 2020년까지 BAU 대비 −30%를 이행하겠다고 "녹색성장기본법"에 명시해서 현재 온실가스목표관리제 등 다양한 활동을 하고 있습니다.

19) (HFCS)

20) <FL>

IV. [서술형, 21~22] 아래의 문항들에 맞는 답을 쓰세요. (총 16점)

21) 답: 주유금액을 당시의 주유단가로 나누어 주유량 산정하고, 주유단가는 지역
별 유류가격 고시를 보고 파악하거나 당시의 주유소의 단가표를 확인하여 산정
할 수 있다.

22) 답: 산정하여야 한다.
산정방법은 소화액 충진회사의 충진량 데이터를 활용하며, 데이터의 신뢰성을
확인하기 위하여 검침기(계측기)의 검교정성적서의 불확도를 확보하여 확인한다.

23) 답: ① 온실가스 배출량
가) 산정식＝열 사용량*배출계수*등가계수의 합산
나) 온실가스 배출량 산정＝1,000(TJ)*70(Kg$-$CO$_2$$-$eq/MJ)*1
＝1,000(TJ)*70*(1/1,000)(ton$-$CO$_2$$-$eq)/(1/1,000,000)(TJ)*1
＝70,000,000(ton$-$CO$_2$$-$eq)
∴ 70,000,000(ton$-$CO$_2$$-$eq)
② 에너지 소비량 1,000TJ(제공된 문제가 TJ임)

24) 답: ① 온실가스 배출량
가) 산정식 ＝ 전기 사용량*배출계수*등가계수의 합산
나) 온실가스 배출량 산정
CO$_2$＝500*12(Kwh)*0.4563(t$-$CO$_2$/MWh)*1＝6,000/1,000(Mwh)*0.4563(t$-$CO$_2$/MWh)*1＝2.7928 t$-$CO$_2$$-$eq
CH$_4$＝500*12(Kwh)*0.0054(kg$-$CO$_2$/MWh)*21＝6,000/1,000(Mwh)*0.0054/1,000(t$-$CO$_2$/MWh)*21＝0.0006804t$-$CO$_2$$-$eq
N$_2$O＝500*12(Kwh)*0.0027(kg$-$CO$_2$/MWh)*310＝6,000/1,000(Mwh)*0.0027/1,000(t$-$CO$_2$/MWh)*310＝0.005022t$-$CO$_2$$-$eq
∴ 합계 2.796t$-$CO$_2$$-$eq(소수점 3자리 반올림)
② 에너지 소비량＝6000(Kwh)*9(Mj/kwh)＝6000(Kwh)*9/1,000,000(Tj/kwh)＝0.054TJ
∴ 0.54TJ

25) 답: ① 온실가스 배출량
가) 산정식＝에너지 사용량*배출계수*순발열량*등가계수의 합산
나) 온실가스 배출량 산정
CO$_2$＝10,000(liter)*74,100(kg$-$CO$_2$/TJ)*35.4(MJ/L)*1
＝10,000(liter)*74,100/1,000(t$-$CO$_2$/TJ)*35.4/1,000,000(TJ/L)*1＝26.2314(t$-$CO$_2$$-$eq)

$CH_4=10,000(liter)*3.9(kg-CO_2/TJ)*35.4(MJ/L)*1$

$=10,000(liter)*3.9/1,000(t-CO_2/TJ)*35.4/1,000,000(TJ/L)*21=0.028993(t-CO_2-eq)$

$N_2O=10,000(liter)*3.9(kg-CO_2/TJ)*35.4(MJ/L)*1$

$=10,000(liter)*3.9/1,000(t-CO_2/TJ)*35.4/1,000,000(TJ/L)*310=0.427986(t-CO_2-eq)$

$\therefore$ 26.688t$-CO_2-$eq(소수점 3자리 반올림)

② 에너지 소비량

가) 산정식 = 사용량 * 총발열량

나) 산정 = 10,000L*37.9(MJ/L)=10,000L*37.9/1,000,000(TJ/L)=0.379TJ

$\therefore$ 0.379TJ

**권창희**

일본 동경도립대학교 공학박사, 한세대학교 교수
현) 한세대학교 유시티IT융합도시정책학과장
E-mail: kwonch@hanmail.net


**오병섭**

현) 공학박사/기술사(열유체 전공)
　　친환경건축물인증심사위원
E-mail: obs-ok@hanmail.net


**김세연**

현) (재)한국플랜트건설연구원 온실가스에너지 적산센터 사무국장
E-mail: rnfmalek@naver.com


**장원용**

한세대학교 유시티IT융합도시정책학과 박사과정
전) 삼성전기, 삼성SDS IT/감사부문 근무(22년)
E-mail: wyjang1@naver.com


**최효원**

현) (주)롬태크 부사장
E-mail: iopenmaind@naver.com


**임상묵**

전) 삼화동력/수송전설 근무
현) 주식회사 럭키기술단, 부사장
E-mail: limsangmug@naver.com


**오범수**

현) (주)미광이티씨 관리이사
E-mail: mketc@hanmail.net


**권현구**

현) ABM 그룹 이사
E-mail:kwonhg09@hanmail.net

온실가스·에너지

# 적산실무 Ⅱ

**초 판 인 쇄** | 2012년 10월 12일
**초 판 발 행** | 2012년 10월 12일

**편 저 자** | (재)한국플랜트건설연구원 온실가스에너지 적산센터
**펴 낸 이** | 채종준
**펴 낸 곳** | 한국학술정보㈜
**주　　소** | 경기도 파주시 문발동 파주출판문화정보산업단지 513-5
**전　　화** | 031) 908-3181(대표)
**팩　　스** | 031) 908-3189
**홈 페 이 지** | http://ebook.kstudy.com
**E-mail** | 출판사업부　publish@kstudy.com
**등　　록** | 제일산-115호(2000. 6. 19)

ISBN　　978-89-268-3831-0　13530 (Paper Book)
　　　　978-89-268-3832-7　15530 (e-Book)
　　　　978-89-268-3827-3　13530 (Paper Book Set)
　　　　978-89-268-3828-0　15530 (e-Book Set)

이담 Books 는 한국학술정보(주)의 지식실용서 브랜드입니다.